UNIVERSALE
ECONOMICA
FELTRINELLI / SAGGI

AF824095

DOMENICO BARRILÀ

I superconnessi

Come la tecnologia influenza le menti dei nostri ragazzi e il nostro rapporto con loro

© Giangiacomo Feltrinelli Editore Milano
Prima edizione in "Urra Feltrinelli" ottobre 2018
Prima edizione nell'"Universale Economica" – SAGGI
febbraio 2020

Stampa Nuovo Istituto Italiano d'Arti Grafiche - BG

ISBN 978-88-07-89312-4

www.feltrinellieditore.it
Libri in uscita, interviste, reading,
commenti e percorsi di lettura.
Aggiornamenti quotidiani

IL RAZZISMO
È UNA
BRUTTA STORIA.
razzismobruttastoria.net

Indice

A Milano.
Che non perde mai la testa, nemmeno quando corre.
Che non ti chiede da dove vieni, ma che cosa sai fare.
E se non sai fare niente non ti getta via. Ti aspetta.

Premessa

È un problema educativo, non tecnologico

Il muro che separa la linea lenta da quella veloce è alto all'incirca un metro e sessanta centimetri, misurato con una discreta approssimazione, visto che arriva alle mie spalle.

Aspettavo il passante ferroviario che mi avrebbe condotto in centro a Milano, sul marciapiede un certo numero di persone, non tantissime ma neppure poche, c'erano anche due bambini, gli unici a non potere gettare lo sguardo oltre quel muro di separazione. Per questo il loro mondo era assai più circoscritto rispetto a quello di cui potevamo godere noi adulti.

Dall'altra parte transitavano convogli eleganti, coloratissimi, forse troppo veloci per noi adulti, che comunque potevamo seguirli con lo sguardo, ammirati dalla loro forma slanciata, avveniristica, mentre a quei bambini, che certo sarebbero rimasti eccitati da quella velocità, tutto ciò era negato. Dipendevano totalmente dal racconto della madre, che li teneva per mano e si rivolgeva loro con parole che non udivo ma, a giudicare dai gesti, mi pareva descrivessero proprio la ragione del frastuono che giungeva dall'altra parte di quella barriera, così antipatica dal loro punto di vista.

Per i bambini la situazione doveva somigliare a quella di una persona che si muove in una stanza buia. Può sentire i rumori, gli odori, la temperatura e tuttavia non è in grado di spostarsi consapevolmente. Di quando in quando urta contro qualche ostacolo, un mobile o un arredo qualsiasi, senza che possa riuscire a farsi un'idea chiara dell'ambiente nel quale si sta aggirando.

In quel momento avevo pensato che educare è esattamente il modo in cui noi adulti raccontiamo, a bambini e ragazzi, ciò che vediamo dall'altra parte del muro.

Forse avrei dovuto dire “dei muri”, che durante la crescita si frappongono tra loro e l’ambiente, ostacolandone lo sguardo.

Il nostro potrà essere un racconto fedele oppure un’interpretazione arbitraria. È quasi certo, tuttavia, che i destinatari alla fine capiranno se si è trattato dell’una o dell’altra cosa; accadrà quando saranno abbastanza alti da gettare autonomamente il loro sguardo oltre a quella parete che oggi fa da barriera alla loro curiosità e alla voglia di catturare tutto ciò che li circonda.

Magari ci metteranno del tempo a capire quanto fosse veridico il racconto, forse tanto tempo, tuttavia ci arriveranno e in quel momento vedranno coi loro occhi, forse si costruiranno dei giudizi su chi aveva descritto il paesaggio che non potevano vedere. Matureranno dei sentimenti che, a seconda dei casi, potranno essere di gratitudine oppure di riprovazione, e saranno questi a decidere la qualità del rapporto tra genitori e figli. Per tale ragione è meglio essere onesti, per quanto possibile, nel momento in cui raccontiamo ciò che si vede oltre il muro.

È anche, se non soprattutto, nel nostro interesse, giacché alla fine potremmo scoprire che nell’ansia di guadagnarci un vantaggio abbiamo solo posto le condizioni per rompere un patto coi nostri figli.

Lo registro nella mia professione, dove i “racconti” sui genitori sono pane quotidiano, e i loro comportamenti, passati e presenti, non di rado affiorano come causa dei malesseri che portano gli ex bambini a chiedere aiuto.

La “battaglia” ingaggiata dalla maggioranza degli educatori con le tecnologie digitali fa parte del mondo appena descritto, anzi vi farebbe parte, perché in realtà ne è stata espulsa e collocata in una specie di santuario delle lamentazioni, dove si prega ma non si ottiene nessuna grazia perché le reliquie del santo sono fasulle. Non saprei se quando sono autentiche o presunte tali le cose vadano meglio, di sicuro dal santuario delle lamentazioni si torna a mani vuote.

Un errore generazionale enorme, questa ricusazione, perché l’interlocutore digitale-virtuale è di quelli impegnativi, e richiederebbe educatori presenti, documentati, persino agguerriti, capaci di costruire una bella linea del Piave, aiutati in questo da istituzioni più consapevoli e da aziende capaci di andare oltre la semplice meta del profitto, allettante, distruttiva e soprattutto inutile, perché quando avranno spennato tutti i polli disponibili rimarranno senza materia prima e dovranno inventarsi qualcosa di altrettanto profittevole.

Abbiamo permesso agli imprenditori che operano nel settore degli oggetti digitali nonché a quelli, assai più pervasivi, che li utilizzano per veicolare piattaforme molto appetibili e tentazioni travolgenti, come i social network, di agire quasi indisturbati, facendo trovare loro territori non presidiati, nei quali è stato facile inoltrarsi per migliaia di chilometri senza incontrare resistenze.

Solo lamentazioni, compresa la più classica, esagerata, che vede nei social network quasi un cataclisma simile a quello che aveva annientato i dinosauri, sebbene in questo momento dal cielo stia piovendo solo qualche pietra, comunque lontana parente dell'asteroide distruttore. Una minaccia, certo, ma alla portata di educatori vogliosi di applicarsi.

Ma l'educazione non è soltanto il racconto di ciò che si vede oltre il muro, c'è dell'altro, tanto altro.

Roma, una primavera recente. Tenevo un seminario a un centinaio di genitori che avevano perso una figlia o un figlio, per malattia o per altre cause, tragiche come quella che mi avevano partecipato due cinquantenni. Lei, medico, quasi sfigurata dal dolore e della nostalgia. Lui, ingegnere, apparentemente meno tormentato, ma vedevo solo la superficie di un oceano che nei fondali ribolliva di energia, tenuta a freno con l'aiuto di un'indole mite e civile.

La loro figlia, poco più che ventenne, si era schiantata, in prossimità dell'alba di un giorno di fine settimana, quando i ragazzi rientrano più tardi. "Di solito dormo bene – mi racconta il padre – le ore giuste, da anni mi sveglio sempre intorno alle sette. Quella mattina di un paio di mesi fa, non saprei a causa di quale segreta ragione, i miei occhi si sono dischiusi alle quattro e cinquanta. La stessa ora riportata nel verbale della polizia locale, che ho avuto la forza di visionare solo qualche tempo dopo. L'ora dell'incidente in cui aveva perso la vita mia figlia!".

Difficile dare conto del misterioso filo continuo che ci unisce alle nostre creature, eppure è questa l'altra stazione da visitare, impossibile da evitare se vogliamo perlomeno provare a capire qualcosa.

È in questo sublime sotto distanziamento la spiegazione di tante ansie che sovente ci fanno perdere lucidità nei loro confronti, terrorizzati da quella perenne paura di perderli che tiene allertate tutte le nostre antenne, costringendoci persino a raddoppiare le sentinelle sugli spalti. E non sempre basta, perché talvolta, impotenti, li perdiamo lo stesso.

Quella mattina la figlia non è tornata, ma il padre "sapeva" che non doveva più aspettarla. Da padre, mi sento morire mentre lo scrivo, ma perlomeno credo di comprendere la portata della deflagrazione che ebbe luogo in tutte le fibre di mamma e di papà. Noi genitori spesso "sappiamo", non abbiamo neppure bisogno di parlarne.

Penso spesso a quei genitori e a quella figlia perduta, vi trovo, nella versione più alta e umana, lo stesso meccanismo che agisce dentro di noi quando li vediamo in balia di qualcosa con cui non sentiamo familiarità e vorremmo proteggerli a tutti i costi. Chissà quante volte la mamma o il papà di quella ragazza avevano guardato in sua vece oltre il muro raccontandole il mondo, ma questo non è bastato a salvarla perché noi non possiamo prevedere tutto, non potremo mai, se potessimo farlo cesserebbe ogni progresso, perché in fondo vogliamo, sopra ogni cosa, metterli al sicuro, e questo paralizzerebbe loro e priverebbe la nostra specie di un futuro.

Possiamo evitare di restringere il loro campo d'azione, per sentirci sicuri sapendoli al riparo, perché questo ci guadagnerà la loro gratitudine. Non possiamo, invece, difenderli da ogni minaccia, presunta o reale che sia, perché troppo vasto l'universo che abitano. Persino infinito, ora che il digitale si è insediato stabilmente nelle loro vite, in attesa che, con le prossime generazioni, arrivi qualcosa che lo faccia apparire antico, come una di quelle colubrine che usavano i soldati nel quindicesimo secolo.

Eppure, anche in questo caso possiamo, anzi dobbiamo, accompagnarli, evitando di premettere che i nostri tempi erano migliori, perché quelli non torneranno più, come non torneranno i dischi di vinile, anche se ci sono dei nostalgici che non si rassegnano e custodiscono quelli superstiti con la stessa devozione con cui si protegge un neonato. Il nostro tempo è soprattutto il presente, al massimo ci possiamo concedere un'occhiata al futuro, ma di passato non se ne parla.

> Noi non viviamo mai nel presente. Anticipiamo il futuro, troppo lento ad arrivare, come per affrettarne il corso, o ricordiamo il passato, troppo rapido nel passare, come per fermarlo. Vaghiamo, imprudenti, in tempi che non ci appartengono e non pensiamo affatto al solo che ci appartiene; vanamente preoccupati di quelli che non sono che un nulla, senza riflettere fuggiamo l'unico tempo che abbia realtà. È che il presente per lo più ci ferisce. Lo nascondiamo alla nostra vista perché ci fa star male e se è piacevole è allora spiacevole vederlo passare. Tentiamo di farlo durare verso il futuro e ci preoccupiamo di predisporre cose che non sono affatto sotto il nostro controllo perché sono in un tempo – il futuro – che non siamo affatto sicuri di riuscire a vivere.
> Ciascuno esamini i propri pensieri. Li troverà tutti diretti verso il passato o verso il futuro. Non pensiamo quasi affatto al presente, e se lo facciamo è solo per trarne lumi per organizzare il futuro. Il presente non è mai il

nostro scopo. Così non viviamo mai, ma aspettiamo di vivere, e preparandoci sempre ad essere felici finiamo per non esserlo mai.

È uno dei "pensieri" di Blaise Pascal, il numero 43, acuto e profetico come quasi tutti gli altri. Con quattro secoli di anticipo ci parla delle nostre piccole, ingannevoli, tecniche di fuga, che oggi stiamo mettendo in atto nei confronti della rivoluzione digitale, perché non riusciamo a sopportare la chiara e semplice verità che essa ci sbatte in faccia, ossia che non si tratta di un problema tecnologico ma educativo, squisitamente educativo. Come sempre, del resto.

1

Qualcosa è cambiato. Non i compiti educativi

Ci siamo consolati a lungo, ripetendoci che i social network rovinano i ragazzi, ma in realtà eravamo preoccupati per la nostra reputazione di educatori.

Volendo possiamo continuare, poiché nessuno ci impedisce di farlo, l'importante è rammentare a noi stessi che si tratta di una bugia, e neanche tanto piccola.

Una bugia comprensibile, che tuttavia nasconde altre bugie, le quali, a loro volta, mascherano il bisogno di auto giustificarsi e di spostare il problema su un terreno più favorevole a noi, che siamo poco inclini a guardare in faccia la realtà apparecchiatasi davanti ai nostri occhi. Un altro piccolo auto inganno, innocente, ci aiuta a negare che il digitale, con tutte le sue conseguenze, a cominciare dalla nascita e dello sviluppo dei tanto temuti social network, si è presentato alla nostra porta quando la situazione era già laboriosa di suo.

Parlo di quella in cui eravamo invischiati noi educatori, che forse speravamo in una soluzione spontanea, invece è arrivata una bella complicazione, il digitale.

Con quello sono arrivate conseguenze a cascata – ossia i contenuti – molti dei quali non sono poi così male, a cominciare da quelli facili, divertenti, che ci consentono persino di dare un nome ai corpi celesti che popolano l'universo visibile, rendendoci familiari lucine un tempo anonime. Anche io mi sono installato un planetario, ogni tanto lo punto contro il cielo e lui mi dice come si chiama quella tale stella.

Non abbiamo, dico noi genitori, fraternizzato con le nuove tecnologie.

Sarà che siamo stati presi alla sprovvista, eppure, a parte le recriminazioni di cui si diceva, non ci sono state vere resistenze pedagogiche né tantomeno opposizioni sistematiche, argomentate, all'espansione del digitale nella vita prima dei ragazzi e poi dei bambini. La strada era libera e il nuovo ospite si è potuto prendere tutti gli spazi che desiderava conquistare.

A parziale discolpa di noi adulti c'è da considerare che le rivoluzioni sono in genere seducenti, tentatrici, spesso inarrestabili. Quella tecnologica, poi, si presentava come incruenta e piena di promesse inimmaginabili. Ma in genere funziona così da quando esistiamo e non c'è ragione di pensare che in futuro le cose andranno diversamente, del resto se così non fosse stato, se non avessimo attraversato una rivoluzione dietro l'altra, non saremmo molto diversi dalle scimmie antropomorfe che ci precedono nella cronologia evolutiva.

Il punto, semmai, sono i prezzi che paghiamo al progresso, se sono sopportabili e, quando non lo sono, cosa possiamo fare per renderli tali. L'invenzione dell'automobile, ad esempio, è stata un trionfo, ma insieme ai vantaggi vi sono stati e vi sono tributi pesantissimi. Solo nel 1971 e limitatamente all'Italia, l'anno più tragico, i morti sono stati undicimila, negli ultimi tempi si sono attestati intorno ai quattromila all'anno. Se quegli sventurati morissero in guerra, fiorirebbero i movimenti pacifisti.

Un'ecatombe, insomma, senza contare i feriti gravi e gravissimi, le devastazioni morali tra i familiari delle vittime. Eppure, le automobili circolano ancora, come forse è giusto che sia, e i costi che ciò richiede continueranno ad apparirci remoti e sopportabili, almeno fino a quando nella lotteria non incappa una persona a noi cara.

Dunque, è perfettamente inutile chiudere gli occhi e aspettare che la tempesta digitale passi. Non passerà e non conviene a nessuno che passi, neppure a noi genitori perché, pure con le difficoltà che può averci creato, le nuove tecnologie sono state un acceleratore di progressi, e noi riusciremo a piegarle, come in molti ambiti accade, verso finalità funzionali al nostro benessere, e alla fine gli saremo grati.

Si tratta di cambiamento, e noi fatichiamo a guardarlo negli occhi quando sfiora i nostri figli, così quando arriva preferiamo chiuderci in bagno. Un errore, uno dei tanti che commettiamo quando di mezzo c'è la vita delle persone che amiamo di più.

Un errore, certo, perché credere che il digitale sia un brodo di negatività e quasi unico responsabile del clima che si respira nel teatro educativo di oggi, è come affermare che lavatrice e lavastoviglie siano colpevoli dell'incremento dei divorzi, perché da quando le donne possono disporre di più tempo libero, combinano solo pasticci e i mariti si innervosiscono.

Ci si può raccontare ciò che si vuole e aggiustare la narrazione a proprio piacimento, ma questo non modificherà l'esito delle questioni aperte, semmai le renderà di più difficile soluzione, un prezzo che pagheremo ancora noi.

Sarebbe certamente più onesto, ammettere che un genitore "debole" o sprovveduto di fronte al digitale, lo è stato e lo sarebbe in qualsiasi altra circostanza, e che non gli servirà a nulla confondere le cause con gli effetti per risolvere i problemi che si troverà ad affrontare. Questo reiterato autoinganno è stato uno dei principali acceleratori dei disagi che sono sorti negli ultimi venti anni nel rapporto tra adulti e ragazzi, con l'avvento delle nuove tecnologie e in particolare di alcune delle loro possibili applicazioni, come i social network. Esse rappresentano la reale materia del contendere, perché introducono un concetto di "spazio" diverso da quello della tradizione, dove si poteva esercitare una delle attività a noi più care, il *controllo*. La nostra confortevole coperta di Linus.

Non è tempo di specialisti

Tuttavia, tale accanimento, tradisce un forte disagio di noi adulti, facendoci dimenticare che, come lo stile di vita è coerente e si palesa, uguale e riconoscibile, in ogni ambito e circostanza, allo stesso modo la genitorialità è un flusso continuo, anch'esso coerente. Non ci sono genitori specializzati nell'insegnare l'igiene personale, l'affettività o qualsiasi altra competenza, a cominciare dal comportamento da tenere quando si agisce attraverso i social network o in generale attraverso la Rete. C'è una radice comune nell'educare, che possiamo trasferire in ogni ambito.

Per una ragione speculare non troveremo mai un figlio che racconterà sua madre o suo padre dando loro i voti per ogni materia, come si usa a scuola con gli studenti. Nessuno "scomporrà" il proprio genitore, ricordando quanto fosse bravo nell'educare all'uso degli oggetti digitali e quanto fosse inefficace in tutti gli altri versanti del rapporto educativo, tende invece a prevalere una percezione "complessiva", unitaria, coerente.

"Mia madre era una persona squisita, accudente, passava molto tempo con noi". "Mio padre comunicava poco, non ricordo un abbraccio da lui, la sua assenza nella mia vita mi pesa ancora oggi". Così questa persona racconta i suoi genitori.

In queste rapide pennellate, che pure tratteggiano discretamente lineamenti caratteristici delle figure genitoriali, non c'è traccia di specializzazioni, di queste non mi è mai accaduto di trovarne nei racconti degli individui che si rivolgono a me, semmai registro l'acume con cui i bambini e i ragazzi colgono certe contraddizioni nel comportamento degli adulti. Tratti di ambiguità che talvolta li gettano nello sconforto, perché vedono sciogliersi davanti ai propri occhi l'autorevolezza del padre o della madre, e si sentono come macchie di inchiostro cui nessuno indica dei confini, dei punti di arresto.

Non è la libertà la prima preoccupazione dei ragazzi, semmai lo è il bisogno di sentirsi affiancati, capiti e amati, è questo che fa la differenza, pure di fronte al presunto moloch dei social network. Quando è stato realizzato questo obiettivo basilare tutto il resto si smussa, matura, perde gli eccessi, anche quelli che attribuiamo alle interferenze dei prodotti digitali, materiali e immateriali.

Un figlio amato e trattato con la giusta attenzione, in altre parole educato, difficilmente utilizzerà comportamenti lesivi della dignità altrui, a scuola, nello sport, sui social network e in ogni altro ambito della sua esperienza, per la semplice ragione che non c'è necessita alcuna per la quale dovrebbe farlo.

Vedere precipitare l'autorevolezza anche di uno solo dei propri genitori, è tra le esperienze più dolorose e sconvolgenti – non sono termini eccessivi – in cui possono imbattersi un bambino o un ragazzo. Nell'istante preciso in cui questo avviene, si rompe una sorta di ordine naturale, si rimane disorientati, come quando ci si accorge che la guida di montagna non conosce affatto i sentieri sui quali pretende di accompagnarci. La perdita dell'autorevolezza non avviene solo quando commettiamo errori vistosi o cadiamo in contraddizioni di un certo peso; per i nostri figli, soprattutto quando siamo stati noi stessi a calcare la mano su principi e valori, anche episodi apparentemente marginali possono acquistare importanza capitale, soprattutto quando svelano ambiguità insospettabili, intaccare alla radice tutta una filosofia educativa.

"Io e mio cugino abbiamo fatto una marachella. Sua madre aveva dato ragione a lui, sebbene fosse il vero responsabile di ciò che era successo".

"Insieme ad altri bambini avevamo detto delle parolacce. La cosa fu riferita a mia madre, ma lei rifiutò quella versione dei fatti asserendo che non potevo essere stato io. Eppure, quelle parolacce le avevo dette davvero".

Credibili o sconfitti

Dobbiamo chiederci con quali possibilità di successo tali genitori appena descritti potranno pretendere ascolto dai propri figli, come potranno sperare di essere presi in considerazione quando li inviteranno a non portare lo smartphone a tavola oppure a non giocare tutto il pomeriggio a videogame. Un genitore autorevole sul versante fattuale lo rimane anche su quello virtuale – si tratta di terreni che sono parenti stretti, come vedremo – e per tutte le ventiquattro ore della giornata.

Un celebre miliardario sosteneva, piuttosto brutalmente, che se il mondo dovesse ricominciare daccapo e fossero modificate le collocazioni sociali degli attori, alla fine sarebbero sempre le stesse persone a fare i soldi.

Sarebbe triste se tale principio valesse anche per le competenze educative, se esse fossero un talento per pochi eletti, un destino quasi genetico riservato solo a qualcuno. Ciò costituirebbe un alibi perfetto per chi tende a defezionare di fronte alle novità arrivate dall'ambiente digitale, ritenendole quasi impossibili da fronteggiare.

Se è vero che possiamo vivere senza diventare ricchi, non possiamo permetterci il lusso di educare a casaccio o di non educare affatto, il mondo può fare a meno delle persone facoltose ma non può fare a meno degli educatori, perché senza di essi non saremmo mai usciti dalle caverne. Persino i candidati alla ricchezza vivrebbero ancora in antri privi di quelle comodità che molti di loro ostentano, come se fossero prove di chissà quale talento.

Un giovane ingegnere informatico è riuscito a resistere appena un mese nel nuovo impiego, cedendo di schianto di fronte all'amministratore delegato di una società di servizi informatici, leader nel suo settore: "L'azienda prima di ogni altra cosa, anche della nostra vita privata. Se la tale domenica c'è la cresima del figlio e contemporaneamente abbiamo una riunione in sede, non dovete avere dubbi, la cresima viene dopo". Il mio paziente, che è celibe, si è dimesso anche se non era al momento a rischio cresima.

Questo è il brodo, creato da noi adulti, nel quale nuotano genitori, bambini e ragazzi. È un'intera cultura che sta sfuggendoci di mano, che ha rovesciato di netto la relazione tra cause ed effetti, e non si capisce perché dovrebbero essere i nostri figli a sedersi sul banco degli accusati.

La differenza, purtroppo, è che gli adulti sono dotati di una personalità strutturata mentre i minori pagano il prezzo più alto, perché stanno costruendo le loro impalcature, che dovrebbero essere rinforzate proprio dagli adulti, costretti invece ad accettare di mettere i loro affetti dopo gli interessi delle aziende.

Forse la frustrazione dei genitori muove proprio dalla consapevolezza del destino che attende i figli, dallo scoramento che li assale quando intuiscono il mondo che stanno preparando loro.

Il fatto è che a queste preoccupazioni raramente fa seguito un incremento dell'azione educativa; a crescere sono solo la rabbia e le recriminazioni contro gli "invasori", che avremmo preferito non avere tra i piedi, e invece ci sono e si divertono a farci inciampare. Tutto ciò non serve a niente, se non a farci sentire degli incapaci e, di conseguenza, a scoraggiarci, facendo pagare altri prezzi a quei figli che pomposamente vorremmo salvare, ma a cui basterebbe sentirsi educati.

2

Il vantaggio di educare, la certezza di cambiare

Insistiamo su questo punto, il primato dell'educazione sulla novità digitale, perché senza un accordo su tale passaggio, diventa persino inutile intavolare un discorso sull'interazione tra social network e giovani generazioni, come apparirà più chiaro a mano a mano che procederemo nella riflessione.

Qualsiasi manovra, sebbene comprensibile, finalizzata a porre l'accento sugli aspetti tecnologici non fa altro che aggravare le cose, spingendoci fuori strada e facendoci perdere sempre più il gusto di svolgere i nostri compiti educativi.

Tutti gli anni nel mio studio viene ad annidarsi una cavalletta, ci teniamo compagnia fino alle porte della primavera, poi ci separiamo, anzi è la natura a decidere che il nostro legame è finito.

Ogni volta che arriva l'autunno, un nuovo soldato si presenta alla finestra e chiede di entrare, senza darmi spiegazioni, come se il mio studio fosse casa sua e come se il sottoscritto dovesse "sapere".

"Mi manda la mia amica dell'anno scorso, spero si ricordi!", sembra dire.

Il rapporto, dopo qualche tempo, si interrompe senza che vi siano prodromi.

Una mattina a caso, in genere tra febbraio e marzo, al mio rientro in studio trovo la mia compagna di viaggio riversa per terra, esanime. Il suo tempo è giunto. La durata della vita delle cavallette immagino sia costante da centinaia di migliaia di anni. Quando il primo uomo si imbatté nella prima cavalletta, è probabile che l'insetto vivesse già allora per pochi mesi, mentre l'uomo poteva contare su una speranza di vita di almeno un paio di decenni.

Oggi la cavalletta continua a vivere due/trecento giorni mentre la speranza di vita degli esseri umani (non in tutte le aree della Terra) è aumentata di almeno 3/4 volte rispetto a quella dei suoi lontanissimi antenati.

Non è successo per caso, ci sono diversi fattori a determinare tale asimmetria, mi piace credere dipenda anche dal fatto che le cavallette non educano mentre gli esseri umani lo fanno, prendendosi vantaggi considerevoli. In fondo anche la scienza è una forma di pedagogia, apprende dall'osservazione e dall'esperienza e passa il suo patrimonio alle generazioni successive, che così possono rendere le proprie esistenze migliori e più lunghe.

Dunque, noi educhiamo, abbiamo per le mani un'arma decisiva, ragione per cui non possiamo lasciarci spaventare da una rivoluzione, digitale o meno che sia, nel corso della storia siamo sempre venuti a capo di faccende più laboriose. Chiedete ai milanesi, per diversi secoli decimati dalla peste, alla fine vinta.

L'apparizione dei figli superconnessi non cambia nemmeno di un grammo i nostri compiti, che devono obbedire alla nostra natura sociale, la quale ci spinge a insegnare a bambini e ragazzi la stessa cosa che insegnavano alla loro prole i nostri progenitori, ossia trovare una conciliazione tra il bisogno individuale di emergere e gli interessi del prossimo.

Un compito antico

Tutta l'opera di Alfred Adler nasconde una sollecitazione costante alla ricerca di punti di equilibrio sempre più avanzati tra la *volontà di potenza*, naturale e irresistibile bisogno di affermarsi, col *sentimento sociale*, la tensione interiore che ci spinge a cooperare e compartecipare con i nostri simili.

Si tratta dello stesso programma a cui improntare l'educazione di figli digitali, ai quali siamo chiamati a testimoniare che il cambiamento dei mezzi di comunicazione, che evolveranno sempre nella storia, non modifica i nostri obblighi verso il prossimo. Un compito antico e immodificabile, perché la fortuna della nostra specie è strettamente intrecciata con lo sviluppo dello spirito cooperativo.

L'attenzione al destino comunitario rimane il riferimento irrinunciabile, la norma cui tendere, anche per i vantaggi pratici che può restituirci sul piano pedagogico. È assai più efficace e vantaggioso osservare l'andamento della vita sociale dei nostri figli piuttosto che "spiare" i loro oggetti digitali. Se avremo lavorato per valorizzare tale vocazione cooperativa nei ragazzi, toccheremo con mano le conseguenze positive, in tutti gli ambiti nei quali si muoveranno, social network compresi.

Se i nostri figli possiedono chiaro il senso della propria natura sociale, e soprattutto se la vedono in azione nel comportamento dei genitori, aspetto che conta assai più delle parole, non dovremo preoccuparci troppo delle loro interazioni virtuali. Possiamo affermarlo con buone dosi di certezza.

In genere quei minori che etichettiamo, sarebbe meglio non farlo, come bulli e cyberbulli, portano all'interno della classe scolastica o nel cyberspazio, niente altro che la loro fragilità, il loro malcontento, la difficoltà a trovare incastri gratificanti con la vita. La loro prepotenza è una maschera che copre l'angoscia più grande, quella di non essere in grado di ritagliarsi un posto onorevole nel mondo. Proprio per questo risulta quasi impossibile trovare un bullo che sia anche primo della classe o che abbia alle spalle educatori attenti e consapevoli dei loro compiti. Così come non è facile reperire una persona che si senta fuori da tutte le graduatorie della vita sociale e che nello stesso tempo avverta il bisogno di cooperare alla costruzione di un mondo migliore. Nessuno si sente motivato a edificare una casa che non abiterà, è l'ultima cosa a cui può essere interessato, al massimo gli interesserà distruggere ciò che lo fa sentire escluso.

Ogni odiatore operante nella Rete, in generale, e sui social network, in particolare, nasconde una desolazione di tale genere, uno scoraggiamento profondo che alimenta la certezza di essere diverso dagli altri, che per questo diventano nemici da abbattere. Da dietro uno schermo si può colpire anche senza essere visti, minando le certezze altrui nell'inutile speranza che questo incrementi le proprie.

Forse le cose sono cambiate tanto e in fretta, intorno a noi, rimangono però fermissimi i compiti di educare, sempre che si abbia voglia di svolgerli, quale che sia lo specifico culturale in cui siamo immersi nel tempo che ci tocca in sorte. La stessa costanza che mostra il Pianeta che abitiamo e alla quale dobbiamo la possibilità di respirare: la percentuale di ossigeno presente nell'atmosfera è la stessa da milioni di anni, non si modifica di una virgola; era del 20,95 percento quando il biotipo risultava abitato da poche migliaia di individui, lo è ancora oggi che la popolazione mondiale corre verso gli 8 miliardi di esseri umani.

I compiti fondamentali della natura non mutano, e noi, che siamo parte di essa, abbiamo il dovere di svolgere quelli che ci sono stati assegnati, senza lasciarci paralizzare dalle novità, nella certezza che i nostri sforzi alla lunga sono premiati dai cambiamenti nelle cose che contano davvero. Non cambiamenti qualsiasi, perché a essere buoni sono solo quelli pro-sociali, che non si palesano in modo clamoroso e in tempi stringenti ma ci domandano una pazienza antica, di cui abbiamo dimenticato l'esistenza, travolti anche noi dagli stessi demoni della soddisfazione immediata che tanto biasimiamo nei nostri ragazzi.

Eppure, si cambia. In meglio

Corro in Emilia, per un impegno di lavoro serale. Purtroppo, l'ultimo appuntamento nel mio studio si era protratto oltre il preventivato, così ero partito con un forte ritardo verso la mia meta. Dall'automobile avevo chiamato l'organizzatore dell'incontro informandolo che sarei arrivato appena in tempo per l'inizio. La persona con cui stavo parlando si era mostrata gentile e premurosa, domandandomi persino se avessi fatto in tempo a consumare la cena. Avendo appreso che non mi era stato possibile, si è offerta di farmi trovare un panino.

Ero diretto in un luogo la cui eccellenza alimentare è il prosciutto crudo, quindi mi aspettavo che il mio panino sarebbe stato imbottito con il prelibato salume. Un piccolo problema dal momento che tendo a non mangiare la carne. Dico "tendo", essendo un vegetariano "ragionevole", questo mi consente di non cadere ai radicalismi e di mantenere margini di elasticità per le situazioni come quella verso la quale stavo viaggiando.

Giunto a destinazione, e accolto con la cordialità tipica della gente emiliana, mi è venuto incontro il panino. Con l'insalata caprese accompagnato da tocchetti di parmigiano reggiano. Del prosciutto crudo nemmeno l'ombra.

"Spero le sia piaciuto il nostro panino", mi aveva chiesto il mio ospite. "Non solo mi è piaciuto, ma si sposava bene con le mie scelte".

A questo punto, una sorpresa, gradita e inattesa. "Non sapevo fosse vegetariano. Pensi che avevo chiesto alla nostra cuoca di prepararle un panino con il prosciutto crudo. Lei mi ha risposto che non lo avrebbe fatto, giacché non aveva certezze sui suoi gusti, anche etici. Per l'esattezza temeva lei potesse essere vegetariano e che noi avremmo potuto fare una brutta figura".

Nei mesi successivi, avrei ricevuto un invito per la festa di fine anno di quell'istituto, mi chiedevano di tenere una riflessione prima della cena collettiva che, in omaggio al nostro incontro, sarebbe stata rigorosamente vegetariana.

Appena dieci anni fa quella cuoca, e quella scuola, non si sarebbero mai sognate di porsi domande circa le scelte legate alla mia alimentazione.

Nascono, ogni giorno e senza posa, nuovi apprendimenti, nuove sensibilità. Il mondo cambia, lentamente ma cambia, anche se certi cambiamenti sono così minimi da non farsi notare. I nostri figli fanno parte di questa onda lenta ma tenace, cambiano, perché l'ambiente in cui si muovono non è mai uguale, e l'ambiente è lo scalpello principale di ogni mutazione.

A tutto questo non possiamo opporre solo paure e dinieghi, soprattutto quando arrivano nuovi modi di stare insieme, come succede con la rivoluzione digitale, è necessario svolgere con ottimismo i nostri compiti educativi che, invece, sono stabili come il nucleo del ferro. Sembra un controsenso, evocare il cambiamento utilizzando strumenti e fini immutabili, ma è così, noi dobbiamo allevare cooperatori per il loro tempo, per l'ambiente digitale, perché se non alleveremo cooperatori non ci sarà altro tempo, vinceranno i sopraffattori.

Non è produttivo, e forse nemmeno intelligente, sprecare le proprie energie nel vano tentativo di fermare il Sole, semplicemente alzando le braccia. Dicono che in passato qualcuno ci sia riuscito, ma si raccontano tante altre storie fantastiche.

Di sicuro nessuno fermerà lo sviluppo dell'era digitale, per la verità non è nemmeno necessario che ciò accada, basterebbe che legislatori ed educatori svolgessero con applicazione e intelligenza i compiti loro assegnati, invece di lagnarsi del fatto che la realtà non accade esattamente come essi speravano.

"Mia figlia organizza un pigiama party per i suoi 8 anni. Rimango colpito dai discorsi delle bambine, che fanno un selfie poi mi dicono: 'questa è proprio una foto da profilo social'. Non so come rispondere".

Questo giovane padre, che pure mastica informatica a livello professionale, al cospetto di quelle piccole donne sembra una macchina lenta in procinto di essere sorpassata da un bolide ("Non so come rispondere").

Eppure, il protagonista sembra proprio lui, il papà, che fa da sfondo, da spettatore, qualcuno per cui esibirsi, e con la propria presenza sembra oscurare persino quella prepotente della tecnologia, rendendo l'azione, contenuta in uno sguardo educativo vicino, umano e rasserenante.

Una scena familiare dove anche la presenza degli smartphone e dei Tablet non sembra poi così temibile.

È la magia del verbo "stare", che ci accingiamo a conoscere.

3

Il verbo "stare" deciderà le loro sorti

A proposito di compiti che non cambiano nel corso dei millenni e che non cambieranno nemmeno di fronte alla rivoluzione digitale, mi viene in mente che fa ancora il camionista l'uomo che pochi mesi fa mi aveva fermato mentre mi accingevo a lasciare l'auditorium per dirigermi verso la mia macchina.

Era tra il pubblico, tra le cose che aveva ascoltato nel corso dell'intervento, così diceva, gli era parso di sentire alcuni rimandi alla sua infanzia, in particolare a un episodio che gli tiene compagnia ancora oggi: "Tutte le mattine, mentre accendo il camion, mi viene in mente mio padre. Faceva il mio stesso lavoro, anzi è stato proprio lui a trasmettermene la passione attraverso le attenzioni che mi dedicava. Quando ero bambino, spesso, prima di partire mi faceva salire in cabina, mi appoggiava sulle sue ginocchia, poi prendeva la mia manina e, guidandola con la sua, mi insegnava a girare la chiave nel quadro.

Ricordo distintamente l'emozione che provavo nell'istante in cui sentivo il motore prendere vita, rombare, aiutato dal piede di papà che schiacciava progressivamente l'acceleratore. Mi sentivo importante perché avevo contribuito anche io a realizzare quella piccola impresa. Appena pronto a partire, papà mi consegnava alle braccia della mamma calandomi dal finestrino, faceva suonare il clacson per salutarmi e andava.

Ogni volta che mi metto al volante sento la mano di mio padre sulla mia, e provo riconoscenza".

Nel racconto non si fa alcun riferimento a parole dette dal genitore, non ci sono virgolettati da riportare. Come in un film muto, tutto è incentrato sulla descrizione di semplici gesti, evocatori di uno scambio essenziale e toccante tra padre-figlio, nelle cui pieghe si intuiscono quei fondamenti che richiamano la grammatica dell'educare, la stessa che prende vita ogni volta che riusciamo a coniugare il verbo "stare". Esserci, di per se stesso costituisce un giudizio di valore per un figlio, che nella semplice presenza del genitore, anche muta, percepisce considerazione, alimento di cui è vorace. Come accadeva alle bambine, che abbiamo conosciuto alla fine del capitolo precedente, gratificate dalla presenza del giovane padre di una di loro, prova del loro valore.

Solo gesti, dunque. C'è un padre che si accinge a iniziare la sua giornata di lavoro, e la santifica condividendo con il suo bambino il gesto dal quale scocca la scintilla che accende il mezzo dal quale tutta la famiglia ricava sostentamento. C'è una madre, ansiosa di riprendersi la sua creatura. C'è un figlio cui trasmettere qualcosa, attraverso quelle piccole attenzioni che lo fanno sentire importante, che gli danno la certezza di non trovarsi lì per caso, di non essere una comparsa.

Azioni modeste, in quella scena di vita familiare, marginalità apparenti che in realtà nascondono la potenza della materia oscura, presenza discreta, invisibile ma capace di determinare il destino dell'intero universo.

Gli stessi rituali che accompagnano il compito degli educatori da millenni, indifferenti al trascorrere del tempo, a tutte le rivoluzioni tecnologiche che da qui in avanti si susseguiranno, compresa quella che stanno disegnando i social media.

Gli amici del giorno dopo

Chi non fa il camionista, invece, è Samidh Chakrabarti, manager di Facebook, dove si occupa di qualcosa che ci tocca molto da vicino. Nel turbolento mondo dei social media, che a noi interessa particolarmente, non è una pedina qualunque ma il responsabile di un intero comparto, per l'esattezza quello relativo all'attivismo civico o *civic engagement*. A modo suo anch'egli si occupa di educazione, anzi le sue azioni professionali proiettano effetti su tutti i ragazzi del Pianeta, aprendo un ombrello enorme, non certo paragonabile agli ombrellini a disposizione di milioni di madri e padri, soprattutto di quelli tra loro che dimenticano il significato del verbo "stare", appena richiamato, consegnandosi al "nemico", presunto o reale che sia.

Il verbo stare è decisivo per l'esito della partita di cui ci occuperemo, fondamentale per stabilire chi educherà i nostri bambini e i nostri ragazzi, soprattutto oggi che le agenzie esterne sono diventate seducenti e agguerrite come mai erano state nel corso della lunga storia che ci precede, capaci di creare mondi che non si toccano, immateriali ma in grado di spostare bibliche montagne e, soprattutto, proprio usando come mezzo i nostri figli, di generare profitti enormi.

Il virtuale contamina profondamente il reale, lo abbiamo sempre saputo ma ci sembra più comodo separarli, forse perché ci illudiamo che così possiamo tenere il virtuale un gradino sotto, delegittimandolo. Dunque, dividere il mondo tangibile da quello digitale, rappresenta una finzione, come dimostrano le parole del signor Samidh Chakrabarti, al quale torniamo subito perché avrà molto da dirci.

All'inizio del 2018, che non è stato un anno molto facile per l'azienda presso la quale lavora, egli si è lanciato in un'affermazione tanto inattesa quanto impegnativa, ammettendo ciò che in molti sospettavano da tempo ma che nessuno credeva potesse essere confessato così sfacciatamente, e proprio da coloro che in qualche modo sono i responsabili dello stato dell'arte.

Il manager di Facebook raccontava la propria impotenza, anzi quella dell'azienda per la quale opera, riguardo alla perenne contesa tra buoni e cattivi all'interno dell'ambiente del social network, precisando che gli sarebbe piaciuto potere garantire che vinceranno i buoni ma di non essere in grado di farlo. Addirittura, egli si è spinto fino a un punto inimmaginabile, almeno fino a ieri, affermando che "I social network possono mettere a rischio la democrazia", espressioni che sintetizzano piuttosto bene parecchie delle gravi controversie in cui è rimasta invischiata Facebook negli stessi mesi, prima tra tutte quella relativa alla cessione di dati relativi ai propri clienti, a soggetti terzi non sempre bene intenzionati. Oggi, su molte consultazioni democratiche grava il sospetto di condizionamenti operati attraverso la Rete, compreso il referendum che nel giugno del 2016 decretò l'avvio del processo di uscita del Regno Unito dall'Unione Europea. Condizionamenti che potrebbero portare al potere soggetti il cui unico talento è nella capacità di agire sull'immaginario degli individui da postazioni remote, al riparo da valutazioni ponderate. Creatori di narrazioni che incrociano solo di rado la realtà, perché di fatto non la conoscono, essendone rimasti sovente esclusi, e che dunque ne fanno terreno di pretese aliene e di vendette personali.

Le parole di Samidh Chakrabarti, pure di enorme portata, non rappresentano novità assolute, considerato che nei mesi precedenti e in quelli successivi, il tema delle interferenze dei social network sulla vita civile e sui processi democratici, è stato al centro di poderosi sospetti, dibattiti nonché indagini giudiziarie.

Persino inutile dire che mettere a rischio una democrazia dovrebbe essere assai più complicato che interferire nella vita dei nostri figli, quindi i conti sono presto fatti. Se i social network sono in grado di inceppare meccanismi così potenti e dotati di qualche lucchetto, immaginiamo quanto possa essere aggredibile tutto ciò che viene prima della democrazia, quello che chiamiamo quotidiano, quella bolla fatta di spazio e di tempo in cui siamo compresi noi e i nostri figli.

Francamente, come già detto, non sembra una rivelazione epocale, né possiamo credere che tale consapevolezza sia giunta così tardi in coloro che ora mostrano segni di ravvedimento, non smettono di formulare scuse e aprono i cassetti della condivisione, come se fossimo diventati amici per la pelle, quando fino a ieri ci guardavano con grande sufficienza, associata a un certo compatimento.

In fondo l'unica vera novità è che, posti di fronte all'evidenza dei fatti, i gestori dei grandi social network sono costretti ad ammettere che forse il gioco tende a sfuggire di mano agli amministratori e che le prospettive non sono esattamente chiare e ottimistiche, come ci facevano intendere fino allo sfinimento. Un mezzo, quando è potente e remunerativo, si può volgere verso qualsiasi fine, in genere nell'interesse di chi manovra il gioco, raramente verso quello dei giocatori, che in realtà sono essi stessi dei prodotti, ossia la vera fonte del reddito delle aziende applicate nel settore digitale.

Se vogliamo misurare pienamente l'entità dell'allarme lanciato dal manager, basta pensare che egli non si sarebbe mai mosso senza un preciso impulso da parte di chi sta sopra di lui. Complicato pensare il dipendente di un potentato economico delle dimensioni dell'azienda americana agisca come un cane sciolto o dicendo la prima cosa che gli viene in mente, tantomeno se parla da una tribuna legittimante. Non si è trattato, infatti, di un punto di vista qualsiasi, di un parere personale in libertà, magari trafficato attraverso certi dibattiti digitali in cui la confusione regna sovrana e non si capisce mai bene come attribuire torti e ragioni. Siamo, invece, di fronte ad una nota-video ufficiale, passata sul canale aziendale di Facebook, dove un rappresentante di rilievo ammette che non tutto ciò che passa sulle proprie pagine è buono, ma soprattutto ci fa sapere che i gestori non sono in grado di controllare ogni cosa o garantirne l'assenza di lesività.

Partecipare stanca

Insomma, sembra che il gioco non funzioni come quando prepariamo un budino, allorché, dosando ingredienti e replicando procedure, siamo in grado di stabilire quale sarà il risultato. Sui social questo non è possibile, nelle loro stanze ogni cosa, nel bene e nel male, si *de-*

forma (cercheremo di capire perché), amplifica (anche di questo cercheremo di darci conto), creando condizioni che mettono in difficoltà anche l'utenza adulta, sovraesponendola e stressandola, più di quanto appaia e più di quanto accada nel mondo reale, dove le cose sono piuttosto chiare e uno sforzo si può pesare, misurare, perché i fenomeni si vedono e si toccano.

Se dobbiamo salire una rampa di scale sentiamo la fatica sulle nostre gambe, se facciamo una serie operazioni per arrivare puntuali al lavoro avvertiamo l'impegno che stiamo mettendo in atto, se durante la giornata lavorativa affrontiamo compiti molto faticosi, il nostro organismo ci avvisa che la benzina è agli sgoccioli. Di qualunque azione avvertiremo chiaramente il peso, sul piano fisico, psichico, spirituale.

Nella dimensione virtuale, invece, le cose cambiano decisamente, per quanto possa sembrare incredibile sono molto più faticose, per almeno due motivi.

Il primo riguarda la quantità degli stimoli cui siamo chiamati a rispondere con dispendiose azioni di riadattamento, investendo energie fisiche e nervose. Stimoli potenzialmente sconfinati ma soprattutto, questa sembra la vera novità, simultanei incessanti.

Il secondo si riferisce alla scarsa tracciabilità di stimoli e risposte. Più o meno ciò che accade quando entriamo in un'autostrada e decidiamo di pagare con il Telepass piuttosto che in contanti, in questo caso non avremo cognizione di quanto stiamo spendendo e tuttavia stiamo spendendo, ma la quantità di tale investimento ci sarà chiara solo quando alla fine del mese riceveremo l'estratto conto dalla nostra banca.

Proprio questo differimento, con relativi effetti accumulo, che eludono i controlli, può "indebitare" i ragazzi oltre le risorse disponibili, causando un forte logoramento interiore. Una sorta di Jet Lag Digitale, da cui i nostri figli sono investiti, con relative sensazioni di stanchezza e di estraniamento, simili ai faticosi percorsi di recupero che seguono ai lunghi viaggi, nei quali è previsto l'attraversamento di diversi fusi orari. Una situazione che sul tempo può saccheggiare quote decisive della loro vitalità, appiattendoli, conferendogli quella patina di apatia che ogni tanto ci sembra di scorgere nei loro sguardi.

4

Attenti ai falsi pentiti

Dunque, stando alle parole di Samidh Chakrabarti, il social network per eccellenza, Facebook, sarebbe stato preso in giro. Il che significa che i suoi spazi erano vulnerabili, e di conseguenza lo erano anche i suoi utenti più fragili, la maggior parte dei quali era costituita dai nostri ragazzi.

Pare difficile credere che ci volesse così tanto tempo per stabilire che in questi simulacri di centri commerciale, privi di pareti, potessero entrare anche orde di vandali dotati di mazze da baseball, e produrre qualsiasi tipo di danni, non solo ai tavolini e agli arredi, ma agli esseri viventi.

Le affermazioni del manager di Facebook somigliano a una specie di medaglia alla memoria, un riconoscimento postumo, per quei genitori e quegli studiosi, spesso trattati come pezzi d'antiquariato, solo per avere cercato di chiedere spiegazioni su ciò che stava accadendo o che sarebbe potuto accadere a bambini e ragazzi. Sovente si sono dovuti arrendere, senza neppure combattere, senza l'onore delle armi e senza avere potuto spiegare la ragionevolezza delle proprie richieste, vittime dall'effetto maggioranza, che trasforma una certa quantità di persone pacifiche nel mostro che vediamo in azione verso la fine del film *Il giorno della locusta*, quando la folla rompe gli argini, travolgendo tutto ciò che incontra sul suo cammino.

Certo ce n'è voluto di tempo, ma il muro dell'omertà comincia a sbriciolarsi, magari in attesa di essere tirato su più forte e resistente di prima. Del resto, nessuno ammette mai nulla fino a quando la realtà non supera sfacciatamente la narrazione, ed è costretto a capitolare. Nel 2009, a duecento anni dalla nascita di Charles Darwin, la Chiesa Anglicana si scusò in maniera ufficiale per non avere compreso la teoria dell'evoluzione. Qualcosa di simile, con conseguenze assai più gravi, era accaduto a Giordano Bruno e a Galileo Galilei. Anche qui non sono mancate le scuse da parte della Chiesa Cattolica, con ritardo siderale, è proprio il caso di dirlo.

Fatico a credere che i vertici di quelle organizzazioni religiose non capissero, più ragionevole pensare che la reticenza fosse funzionale ai loro interessi, a quelli del loro singolare mercato. Lo stesso motivo per il quale Facebook, che oramai un giorno sì e l'altro pure si scusa per qualcosa, faceva finta di non afferrare il senso delle critiche.

Oggi, essendo più consapevoli dell'uso spregiudicato che viene fatto dei nostri dati e dei nostri bisogni profondi, abbiamo ottenuto qualche ammissione e diverse promesse, ma possiamo stare certi che ogni qualvolta si porrà un conflitto tra gli interessi del business e quelli dei nostri figli, le piattaforme risponderanno con l'eterno riflesso condizionato. Prima il danaro.

Non è tutto pentimento sincero quello di Facebook semmai frutto della paura che le cose potrebbero precipitare, dunque è meglio condividere le responsabilità. Pesano meno se distribuite sulle spalle di molti, anche di coloro che non c'entravano nulla o che addirittura furono vittime della confusione degli ambienti digitali. Quindi, più che aprirsi una breccia nel cuore degli amministratori, sembra siano sorte delle domande, finalmente, anche in chi sembrava non avere il minimo dubbio, quegli entusiasti sempre disposti a spalancare porte al primo che bussa, come vedremo presto, etichettando come diffidenti e inospitali tutti coloro che chiedono una sorta di supplemento di indagini.

In un romanzo di fantascienza degli anni Cinquanta, *Il pianeta proibito*, si immaginava che un'intera civiltà si fosse estinta a causa di certe macchine capaci di materializzare il pensiero, così da consentire alle persone, comodamente sedute, di limitarsi a formulare desideri, che diventavano immediatamente realtà.

Il punto è che gli inventori non si erano presi la pena di ragionare sulle conseguenze, così le macchine, che non discriminavano tra desideri buoni e desideri cattivi, si erano messe a realizzare tutte le richieste, anche quelle più aggressive e crudeli. Alla fine, i mostri dell'inconscio avevano preso il sopravvento, uccidendo tutti gli individui.

Ora, lasciando stare la fantascienza e l'esito così drastico della vicenda narrata nel romanzo, un paio di lezioni possiamo acquisirle.

Un passaggio obbligato

La prima racconta che quando gli esseri umani smettono di guardarsi negli occhi, ciò che succede quando si comunica attraverso una piattaforma digitale, si inceppano alcuni meccanismi legati alla *com-*

partecipazione e all'*affettività*, tratti caratteristici della nostra specie, così gli umani diventano un'altra cosa, una specie aliena rispetto a quella che siamo abituati a conoscere.

Noi siamo il frutto di un percorso di formazione preciso, cambiato il quale cambia, forse di sana pianta, anche il prodotto stesso. Se basta cambiare procedura per cambiare il risultato, si può immaginare cosa può accadere se sostituiamo anche gli ingredienti.

Quali sono i passaggi che portano ad un essere umano come noi lo conosciamo, e quali di conseguenza saranno i compiti di un educatore che voglia arrivare a un risultato in linea con tali premesse, lo esprime sinteticamente Rudolf Dreykurs, uno dei più illustri seguaci di Alfred Adler: "Alla nascita, il bambino si incontra con un mondo sconosciuto e con un modo di vivere che deve apprendere. Soprattutto deve imparare le leggi della comunità umana, deve imparare a compiere le proprie funzioni e ad adempiere ai compiti impostigli dalla vita.

Dapprima il bambino vede solo la parte della vita e della comunità umana che è in relazione con il suo ambiente, cioè la famiglia nella quale vive. Per lui tale ambiente significa la vita, i membri della famiglia sono la società ed egli cerca di adattarsi".

Ma c'è molto di più, un motore nascosto: "La forza che spinge l'uomo ad adattarsi alle arbitrarie condizioni dell'ambiente, si esprime nell'interesse sociale innato di ogni essere umano. Ma questa innata caratteristica sociale, comune a tutti, deve essere sviluppata se si vuole che l'individuo faccia fronte alle complesse esigenze che la comunità manifesta nei confronti di tutte le persone adulte che vivono nei paesi civili". Non ci sono scappatoie, quale che sia l'ambiente in cui si muove un bambino o un ragazzo, bisogna che egli impari a connettersi con tale natura sociale, con l'aiuto decisivo dei suoi educatori. Stiamo parlando di tutti gli ambienti con cui viene a contatto, oggi soprattutto i social network.

Il controllo dei processi

La seconda lezione dice che le novità possono migliorare la vita degli uomini, a patto che siano essi stessi a tenere saldamente in mano il controllo dei processi, in caso contrario gli sviluppi potrebbero diventare ingovernabili, anzi è quasi sicuro che lo diventeranno. Quest'ammonimento vale in tutti gli ambiti, come abbiamo potuto verificare nei disastri finanziari generati dalla disinvoltura delle banche e nelle stragi avvenute negli Usa, dove la vendita delle armi è libera e dunque qualsiasi persona si sente in diritto di dare corpo ai fantasmi che si agitano nella sua mente, armandoli e consentendo loro di sparare a vista, a chi vuole e quando vuole, magari su un'intera scolaresca. Nel caso della tecnologia digitale e di tutte le sue svariate applicazioni, il discorso è ancora più urgente, quindi diventa necessario che gli educatori cerchino di occupare tutto lo spazio disponibile.

Essendo impegnato da decenni in una costante attività divulgativa su tutto il territorio nazionale, affiancata da un altrettanto costante lavoro clinico, mi sentirei di ripetere che i genitori cui sfugge di mano la situazione riguardo al rapporto dei loro figli con i social, in genere sono gli stessi a cui sfuggono tante altre cose. È quasi impossibile trovare genitori stazzati e attenti che improvvisamente diventano facile preda delle novità. In questo senso i social network e tutte le scosse che sembrano provenire dall'universo digitale, sono stati eccellenti rivelatori delle competenze genitoriali presenti sul terreno, una sorta di censimento dal quale siamo usciti piuttosto ammaccati.

Non è stato questo grumo di novità tecnologiche a mettere a soqquadro la stanza, semmai la svolta è servita ad accendere la luce nei vari ambienti della casa.

Detto questo, non aspettiamoci che il lavoro sporco lo facciano gli altri, ossia coloro che realizzano profitti giganteschi investendo sulle fragilità dei ragazzi e soprattutto sul loro insopprimibile bisogno di legami sociali. Tocca a noi, che in questi anni abbiamo perso tempo a lamentarci dell'intrusività dei social network.

Non possiamo sperare che nel duello che ci oppone ai nuovi interlocutori dei nostri figli, l'arma la facciano scegliere a noi, non succederà e in fondo non è mai accaduto. Non possiamo neppure sottrarci alla sfida, che oggi si chiama digitale e domani chissà quale nome prenderà, ma soprattutto non possiamo ignorare che l'unico modo per giocarci le nostre carte è tenere la mano di nostra figlia o di nostro figlio, esattamente come faceva il camionista che abbiamo conosciuto nelle pagine precedenti, trasferendo, attraverso un gesto così primordiale, molto di ciò che serve ai nostri figli per immunizzarsi dalle intrusioni.

Certo, non è tutto, ma esserci nelle loro vite, non solo episodicamente, ci fornisce un vantaggio che non potremo mai perdere e, in definitiva, ci legittima a chiedere loro di fidarsi di noi, obbligandoci nel contempo di tenere a mente che anche tutta la piena arrivata sulle nostre case con la tecnologia digitale, rimane per noi materia educativa ed è solo in questo recinto che potremo affrontarla e provare a metterla sotto governo, magari traendone modi per volgerla a vantaggio nostro e dei minori che ci stanno a cuore.

Nella mano del genitore-camionista che tocca quella del figlio, guidandola in un'azione così semplice, che poi diventerà l'innesco di una professione e una ragione di vita, nel gesto più naturale e decisivo che un padre possa compiere, c'è la stessa potenza creatrice e modellante che vediamo liberarsi nel michelangiolesco dito proteso del Creatore, intento a sfiorare quello di Adamo, stabilendo una volta per tutte le regole del rapporto tra un genitore e un figlio.

La responsabilità educativa è un compito cui attendere senza cederne mai la titolarità, un conto è farsi coadiuvare da compagni di viaggio bene intenzionati altro è lasciare territori in balia di chi vuole piantarvi delle tende e aprire botteghe, di chi sostiene che la propria missione sia "quella di connettere l'umanità", dimenticando che non esiste gioco che possa funzionare senza regole, ma soprattutto che anche i neuroni dei malati mentali sono connessi, e tuttavia questo non impedisce loro di fare pasticci. Connettere non è un fine ma semplicemente un mezzo, il fine è quello di migliorare la qualità della vita degli esseri umani, dunque non ci si può raccontare adesso, quando le casse dei gestori dei social network si sono riempite fino a scoppiare, che forse non riusciamo a controllare la reazione nucleare che si è innescata.

Eppure, gli eccessi del digitale, di cui tanto ci lamentiamo, sono diventati tali anche a causa delle nostre defezioni, e se non ammetteremo con onestà questo limite, cercando di emendarlo, passerà inutilmente altro tempo prezioso.

Diversi anni fa, in un celebre libriccino, Karl R. Popper rifletteva sulla funzione pedagogica della televisione e sui pericoli insiti in un certo modo di "consumare" la medesima. In una pagina di quel saggio possiamo leggere: "Io sarei piuttosto dell'opinione che la televisione, potenzialmente certo, così come è una tremenda forza per il male potrebbe essere una tremenda forza per il bene".

Colgo esattamente gli stessi concetti, quasi attraverso identiche parole, dal manager di Facebook sulle cui parole ci siamo soffermati nelle pagine precedenti. Così come la televisione può essere il bene e il male, altrettanto possono esserlo i social media. Questo avremmo dovuto capirlo subito, nell'un caso e nell'altro, ma potremmo estendere la bipolarità anche a qualsiasi altro fenomeno suscettibile di influenzare la vita dei nostri figli, vale persino per il cibo.

Da questa simmetria di rischi e di potenzialità, ricaviamo una lezione ulteriore, da aggiungere alle due precedenti: la differenza, anche nell'ambito di cui ci vogliamo occupare, la faranno sempre gli utenti e, quando essi sono bambini e ragazzi, il compito di marcare un confine toccherà a coloro che li educano.

Nelle prossime pagine cercheremo una strada ragionevole per capire come.

5

Rifuggire le strade facili. Sono ingannevoli

Durante una conferenza tenuta all'università di Lille, il 7 dicembre del 1854, Louis Pasteur disse che "La fortuna favorisce soltanto le menti preparate".

L'affermazione del grande chimico e biologo ci viene riportata da un'altra figura significativa della scienza, ancora un biologo, ma dei nostri giorni, nel suo volume "Lettere a un giovane scienziato". Si tratta di Edward Wilson, che si è dedicato per decenni allo studio delle specie cooperative, partendo dalle formiche per approdare agli esseri umani.

Le parole di Louis Pasteur, che Wilson trova interessanti e degne di citazione, in effetti possiedono un merito non piccolo, sconfessano infatti l'illusione che possano esistere vittorie casuali o percorsi facili.

Certo, può accadere eccezionalmente, ma in genere, se vogliamo avere qualche possibilità di conseguire risultati significativi, non possiamo sperare nel classico colpo di fortuna, dobbiamo mettere in gioco altre risorse. A maggior ragione se si tratta di educare dei figli, soprattutto oggi che siamo sottoposti a delle pressioni supplementari da parte dall'industria del digitale.

Ora, di fronte ad avversari così risoluti e potenti, ciò che affermava nel lontano 1854 Louis Pasteur acquista un valore ancora più grande e ci priva della speranza che le cose si sistemeranno alla stessa maniera in cui il mare placa la tempesta, in modo naturale. Non possiamo sperare nella fortuna, semmai dobbiamo prepararci ad accoglierla qualora dovesse arrivare, questo significa impegnarsi a fondo, poiché per accogliere un ospite bisogna essere in grado perlomeno di riconoscerlo.

Quando, negli ultimi decenni del ventesimo secolo passò l'emergenza dell'eroina, siamo riemersi tali e quali a prima, solo più ammaccati; si pagarono dei prezzi, moltissimi giovani persero la vita o se la rovinarono per sempre, ma l'impianto del nostro mondo interiore rimase il medesimo. Non si trattò di un cambiamento bensì di una degenerazione passeggera, che comunque toccò solo una parte della popolazione giovanile. Adesso le cose stanno in modo completamente diverso, a cominciare dalla percentuale di giovani coinvolti, che riguarda la totalità di essi.

In secondo luogo, il digitale, lo vedremo meglio quando parleremo del ruolo dell'ambiente nella formazione della personalità, possiede i grimaldelli per progettare una mutazione profonda della psiche dell'uomo, ma non è l'eroina, stavolta lo scenario è più complesso, non è una degenerazione bensì un cambiamento, forse una rivoluzione.

Se nel caso dell'eroina era chiaro che i ragazzi si trovavano di fronte ad un'esperienza di autodistruzione e dunque c'era un nemico certo, la rivoluzione digitale rappresenta un normale, per quanto accelerato, progresso tecnologico a cui i ragazzi sono stati più svelti ad adeguarsi, rovesciando di fatto l'andamento naturale dei rapporti pedagogici, che vedevano il sapere e le competenze saldamente nelle mani dei grandi. Del resto, anche stavolta siamo stati noi adulti a costruire gli utensili che stanno modellando i nostri figli, forse non lo abbiamo progettato personalmente, ma in quanto adulti siamo corresponsabili della loro esplosione, che consideriamo un fatto negativo soltanto perché non siamo stati abbastanza rapidi da prendere il treno in corsa.

Sarà il caso di ricordare che quanto costruiamo finisce per modellare anche noi stessi, con un formidabile effetto di retroazione.

Oggi ci troviamo nella fase in cui, dopo esserci lamentati per anni della concorrenza dei social media, acceleratori infernali dei processi comunicativi di ragazzi e adulti, comincia a visitarci il sospetto di avere schiacciato il tasto sbagliato e si fa strada la voglia di negoziare. Il punto è che quando si vuole negoziare occorre essere almeno in due, e noi siamo soli, per una serie di ragioni, la prima delle quali riguarda le nostre controparti, che godono di un'evidente posizione di forza, forti di immense disponibilità finanziarie, accumulate sfruttando la lentezza di istituzioni e cittadini. Anch'esse, le aziende, prendono degli scivoloni, ma la loro forza di inerzia è tale che difficilmente un errore, anche marchiano, può fermarne la marcia. Tentare di farlo è come mettere una sardina davanti a un'immensa nave porta container lanciata a 20 nodi. Senza contare che le aziende attive nel perimetro digitale non sembrano possedere né tantomeno coltivare forme, sia pure primitive, di interesse pedagogico, in altre parole a loro del destino del singolo bambino o del singolo ragazzo interessa poco, mentre un educatore è impegnato nel perseguimento di obiettivi che, quando sono sani, dovrebbero incrementare l'inclinazione pro sociale di un minore, intenzione che si colloca esattamente all'opposto della logica che presiede la ricerca del profitto.

Quasi all'incontrario

Purtroppo, sui social network i principi cooperativi, che incrociano l'intera storia della nostra specie, non sempre funzionano. Un ambiente sociale pacificato, solidale, responsabile, non genera l'interesse di quelle piattaforme, perché tende a limitare l'energia presente all'interno dei sistemi di comunicazione. Per essere ancora più chiari, se nel nostro condominio è importante trovare degli accordi che consentano di evitare conflitti, sui social network è vero il contrario, perché le costanti differenze di potenziale tra gli utenti rappresentano l'energia stessa del sistema nonché la vera fonte di profitto delle aziende.

Il meccanismo funziona, velocità ed emozioni a parte, come sulla stampa tradizionale dove, come si usa dire, il bene non fa notizia. Più alta è la temperatura del dibattito sulla Rete, maggiore sarà il numero dei contatti che si attivano, che sono poi la vera fonte di ricchezza per le aziende che gestiscono le piattaforme. Per essere chiari, un ambiente comunicativo popolato di buone intenzioni, sui social network non è rimunerativo. In Rete si cerca l'eccezionale, l'insolito, e quando non esiste lo si inventa, talvolta di sana pianta. L'importante è spostare l'attenzione su di sé, a tutti i costi e non importa se gli argomenti che utilizziamo sono certificati e veritieri. Ma questa non è una novità assoluta, da sempre il desiderio più grande degli individui è quello di essere riconosciuti, chiamati per nome, e i mezzi utilizzati non sono stati sempre ortodossi, ciò che è cambiato oggi riguarda la velocità dei processi, il numero degli attori, la complessità degli intrecci.

I social network favoriscono l'utilizzo delle bugie perché attraverso queste anche la persona che si percepisce come la più insignificante del gruppo può attingere un protagonismo vitale, di cui tutti siamo golosi.

Sono, i social, il nostro pianeta Solaris, creato da Stanislaw Lem nell'omonimo capolavoro, il regno delle seconde possibilità, dove una misteriosa forma di energia permette ai protagonisti di "rivivere" in maniera diversa le vicende fondamentali della loro vita, riflettendo su di esse e possibilmente correggere gli errori compiuti. Qualcosa di simile accade nei sogni notturni, quando esploriamo, senza pagare pegno, possibilità alternative, traendone auspici per la vita reale.

È proprio questo umanissimo bisogno di occupare un posto migliore, non più in loggione ma in un palco di proscenio, figlio del desiderio presente in ciascuno di noi, struggente e insopprimibile, di essere considerati, ad armare la mano alle aziende e a fare diventare bersagli gli utenti. Soprattutto quelli che tali bisogni e desideri li avvertono con maggiore urgenza, non avendo ancora coscienza del proprio valore e quindi essendo spesso sopraffatti dal dubbio di non valere granché.

Teniamo conto che i ragazzi hanno appena smesso di essere bambini, quando si sperimenta tutta la propria inadeguatezza, essendo ancora niente altro che cuccioli di uomo, incapaci persino di provvedere anche ai propri bisogni più immediati. Il cucciolo d'uomo è il più inetto tra tutti i mammiferi, senza assistenza non potrebbe sopravvivere.

In fondo anche certi genitori, su questi bisogni infantili, costruiscono ruoli dominanti che esercitano per tutta l'estensione della vita dei propri figli. Un sacerdote mi raccontava di essere stato costretto a consacrarsi, sebbene a un anno dalla fine del seminario avesse avuto chiaro di non volere percorrere quella strada. La madre era caduta in depressione e più volte aveva minacciato il suicidio. Un caso estremo, certo, esistono anche interpretazioni meno drastiche, ma la meccanica è la stessa. "Faccio A perché sono certa che se facessi B spiacerebbe alla mamma", così racconta una trentenne ancora sotto le grinfie della madre.

Su questo terreno predisponente, su bisogni che in condizioni normali sono deputati a spingerci verso legami sani, gli amministratori dei social network estraggono petrolio di primissima qualità, penetrando in profondità sino alle falde e infine raggiungendo il motore della nostra esistenza, così da sfruttarne a proprio vantaggio l'energia. Con indici di efficacia diversi, perché dove il presidio educativo e affettivo ha retto, le difese sono rimaste solide e non si sono strutturate schiavitù nei confronti dei social network, mentre nei casi in cui sono saltati interi capitoli del percorso educativo la pesca è stata abbondante per i rabdomanti della Rete.

Qui è necessario un breve inciso. I social network attraggono anche soggetti non necessariamente fragili, ossessivi o vanesi, a questi ultimi le piattaforme offrono palcoscenici di ineguagliabile ampiezza. Anche soggetti socievoli e disposti favorevolmente verso il prossimo, subiscono il fascino dell'interazione virtuale, la differenza è che essi tendono a marcare la propria presenza in chiave positiva. Costoro possono incorrere in una dipendenza "buona", ma rimane il fatto che il loro peso specifico non è preponderante e che in fondo sempre di dipendenze si tratta. Ciò significa che anche se interessano persone di minore problematicità, sullo sfondo si intravede comunque un quadro ansioso.

In forza di queste premesse, dovrebbe essere chiaro ai genitori che impietosire gli imprenditori digitali è un'impresa ai limiti del sovrumano. Ci si potrebbe provare tramite azioni coordinate, com'è successo nel caso del tonno in scatola, quando i consumatori americani sono riusciti a imporre metodi di cattura più rispettosi dell'ecosistema, tuttavia nel caso del digitale la trama è più complessa perché se è facile convincere un ragazzo delle ragioni dei pesci e dell'ambiente, magari suscitando sentimenti di identificazione, i ragazzi che consumano prodotti virtuali, non ci vedono niente di crudele nel modo in cui si comportano i loro fornitori. Un'atipica sindrome di Stoccolma, in cui si crea un legame solidale tra vittima e carnefice – che prende corpo solo quando dall'utilizzo si passa all'eccesso fino a precipitare nella dipendenza. È in questi casi che suona il campanello d'allarme negli educatori, eppure c'era stato un lungo prologo, esteso quanto un intero atto dell'opera, inascoltato, sebbene è proprio su quelle note introduttive che si decidono le sorti di ciò che arriverà dopo.

Dunque, il problema non è solo il digitale ma i suoi utenti principali, soprattutto nostro figlio, il rapporto che noi intratteniamo con lui nonché quello che egli intrattiene col mondo. Il comportamento di un animale sociale, nostro figlio è proprio questo, come tutti gli esseri umani, deve essere osservato e valutato a partire da come si pone nei confronti dei propri simili, "anche" quando per interagire con essi utilizza un social network.

Una sola personalità

Qualsiasi mezzo egli userà per connettersi ai propri simili, sia esso un ponte, una strada, un'automobile, un computer, uno smartphone, un social network o qualunque altra cosa, rimarranno solo strumenti, mentre ciò che conta davvero è quello che egli vi porterà in dote, ossia la sua personalità, formatasi con il contributo dei suoi educatori, cioè principalmente dei genitori. Al ballo della comunicazione digitale, i nostri figli si presentano con i vestiti che noi stessi abbiamo cucito loro addosso. Ecco perché, se le cose vanno storte, non possiamo limitarci a recriminare con la tecnologia, ma dobbiamo guardare più vicino, proprio in prossimità dei nostri piedi.

Lo stile di vita di ciascuno di noi, figli inclusi, possiede una notevole coerenza interna e tende a esprimersi in maniera omogenea in tutti gli ambiti, possiamo quindi essere certi che nel brodo dei social network nostro figlio si comporterà come si comporta generalmente altrove, mettendo in conto qualche ragionevole scostamento, determinato dalla particolarità del mezzo e dalla smaterializzazione degli interlocutori, aspetti non secondari sui quali torneremo presto. Muoversi su uno scenario tridimensionale, occorre prenderne coscienza, non è lo stesso che navigare nel vuoto, in una notte senza stelle.

Il digitale, tuttavia, non costruisce la personalità dei nostri figli, semmai il modo in cui i ragazzi si comportano nei suoi ambienti rappresenta semplicemente l'esasperazione di tendenze già presenti nel loro mondo interiore, strutturatesi principalmente all'interno del rapporto educativo, cioè mentre interagivano con noi genitori. Un social network non potrà mai inventare la personalità di nostro figlio, al massimo ne può assopire le sentinelle, le stesse che nel rapporto viso a viso lo fanno sembrare più controllato.

Una situazione che ricorda vagamente l'invenzione del carnevale veneziano, voluto dalle autorità perché ciascuno, al riparo di una maschera, potesse dare sfogo ai propri desideri repressi senza incappare nelle maglie della legge. Per un giorno si poteva persino insultare il Doge, un lusso impensabile negli altri periodi dell'anno. In quella zona franca, ognuno si comportava all'incirca come si sarebbe comportato qualora non vi fossero state norme e convenzioni sociali. Con le dovute cautele, potremmo dire che all'interno dei social media tende a ricrearsi una condizione piuttosto prossima a quella che si determina nel periodo carnevalesco. I tratti della personalità rimangono quelli di sempre, ma la maggiore libertà di movimento e, soprattutto, la ridotta esposizione fisica, contribuiscono a rendere le manifestazioni del comportamento più cariche, più marcate e magari a fare esprimere sentimenti repressi. Come accade quando utilizziamo un grosso pennarello per ripassare i contorni di un delicato disegno a matita, tutto si esaspera, e un comportamento esasperato non è soltanto più vistoso, più rumoroso, più variopinto, ma può diventare più problematico.

Dopo avere tenuto una conferenza in una città lontana da casa mia, mi sono messo in attesa degli organizzatori che mi avrebbero condotto a cena. Sfortuna vuole che stazionavo proprio davanti a una pizzeria, dunque il mio languore aumentava. C'erano delle persone in fila, all'ingresso, aspettavano il loro turno. Il pizzaiolo, con grande spirito di cortesia, aveva appoggiato un vassoio pieno di piccoli tranci di Margherita, una sorta di antipasto per chi aspettava, tra i quali non ero compreso, dal momento che ero in partenza per un altro ristorante. Tuttavia, mi sono avvicinato, come se fossi uno dei clienti in attesa, e mi sono servito. Avevo riso con gli amici della mia audacia, ma sono certo che se fossi stato dalle mie parti mi sarei tenuto l'acquolina in bocca. L'anonimato disinibisce, in Rete il fenomeno può diventare ipertrofico e pericoloso.

In conclusione, è necessario riaffermare che laddove il rapporto educativo si è dispiegato in maniera perlomeno discreta, gli eccessi in Rete tenderanno a rimanere entro limiti tollerabili, così mi pare di registrare nella mia attività.

Per questo non dobbiamo cadere nell'errore di trattare l'universo digitale come tendiamo a trattare l'adolescenza, che sovente consideriamo un capitolo estraneo al romanzo, un segmento avulso dal resto della vita. Allo stesso modo dobbiamo rifuggire l'idea che vi possa essere sempre una risposta a portata di mano, una porticina di servizio o perlomeno una ricetta, magari nascosta tra le mille pieghe di quella disciplina che riteniamo amica, parlo della psicologia. Ad essa, del tutto in buona fede, abbiamo già delegato una certa quantità di problemi e ora vorremmo ci risolvesse le questioni aperte dal "grande nemico" del momento, uno dei tanti che ci siamo scelti nella nostra carriera di genitori, giusto per trovare qualcosa a cui attribuire responsabilità che, non di rado, sono solo nostre, della malasorte o di normalissimi sfasamenti tra l'impegno e i risultati. Qualche volta può andare storta anche se noi abbiamo fatto tutto ciò che potevamo, sebbene tale eventualità sia per fortuna non troppo frequente. Capita, come diceva il poeta Tito Balestra, che l'albero cresca storto, anche se abbiamo scelto la pianta migliore, anche se l'abbiamo concimata e annaffiata, protetta dal freddo e dal gelo.

Il digitale e soprattutto l'utilizzo che ne fanno i nostri ragazzi, è solo l'ultimo dei "nemici" e, come tutti i nuovi arrivati, anche il più difficile da fronteggiare, perché ciò che conosciamo poco ci coglie inesperti e con poche idee sul da farsi. Mi riferisco proprio a ciò che si è innescato a partire dall'avvento di questo fenomeno, il cui sviluppo, per molti genitori e figli, si è trasformato in un incessante braccio di ferro, per questo la richiesta di soccorso, quella che si vorrebbe rivolgere alla psicologia, può essere comprensibile, sebbene non tutto ciò che è comprensibile finisce per essere saggio, soprattutto quando la richiesta di aiuto si trasforma in una cessione molto ampia di titolarità. Una buona psicologia si riconosce proprio dal tentativo di lasciare in mano a noi il volante, non certo dall'ansia di sottrarcelo.

6

L'illusione del "soluzionismo"

La psicologia, dicevamo, può essere un ottimo compagno di viaggio, a patto che rimanga al proprio posto e non si sostituisca a noi, che restiamo gli intestatari della responsabilità educativa, con tutto quello che ciò comporta, a cominciare dalla fatica di imparare senza cercare scorciatoie.

Per la verità tutto ciò che è di pertinenza educativa dovrebbe tenersi lontano dalle scorciatoie, ma se qualche volta è lecito chiudere un occhio, sarebbe meglio non farlo quando la materia è il digitale, con i suoi innumerevoli terreni di applicazione. Per questo motivo, una psicologia che non voglia sostituirsi a noi deve innanzi tutto aiutarci a *osservare*, insegnarci a *darsi tempo*, perché assumere in modo istintivo e puntuale le manifestazioni del comportamento dei ragazzi, senza metterle in connessione con l'andamento generale della loro vita, può creare situazioni di falsa positività, ma la stessa psicologia deve ricordarci che sovente prende corpo una sorta di *terapeutica naturale*. Succede, infatti, che una distorsione, così come si è presentata si assorba spontaneamente, per questa ragione occorre aspettare prima di usare parole forti e considerare malato ciò che è solo transitorio. L'accelerazione dei processi sembra avere sedotto anche la psicologia, sempre più simile a un entomologo che passa le giornate a catalogare.

I pulcini di una specie antartica, fino all'età di un anno sono molto diversi dai loro genitori, essendo coperti da una sorta di pelliccia marroncino, assai lontana dalla classica livrea bicolore. Questa particolarità aveva tratto in inganno gli esploratori del diciannovesimo secolo, che li avevano catalogati come una specie diversa. Bastava aspettare. Certo, loro di tempo non ne avevano troppo, considerata anche la lentezza della muta di quei cuccioli, mentre noi siamo in una condizione ideale e non c'è nessuna ragione di avere fretta.

La psicologia dev'essere così onesta da dirci che con i nostri figli non ci sono risposte facili, che talvolta non ci sono nemmeno risposte e che questo non comporta sempre una dichiarazione di incapacità nei nostri confronti, sebbene diversi dei problemi che registriamo nel rapporto dei ragazzi con il mondo digitale, sono alimentati dalla nostra scarsa attitudine a *osservare*, a *ragionare*.

La velocità e l'educazione non vanno molto d'accordo, per mettere le cose a posto ci vuole dell'altro.

Un'insegnante, con delicatezza mista a un giustificabile stato di angoscia interiore, mi chiede come può rapportarsi a un bambino di 8 anni che manifesta comportamenti difficili da interpretare (o forse da accettare), a cominciare da un'irrequietezza incessante che impone al resto della classe, insegnanti comprese. Le richieste provenienti dal mondo dei genitori e degli insegnanti, sono sempre più influenzate da una vulgata che chiameremo "soluzionismo", un morbo che cerca di piegare la psicologia e l'intera pedagogia verso una china pericolosa, in cui non si parla più dei bambini e dei ragazzi, delle loro strategie di movimento, dei loro tempi, dei loro finalismi comportamentali, della formidabile coerenza del loro mondo interiore, ma si preferisce concentrarsi sulle piccole e grandi patologie che manifestano. Si punta a trovare ricette e soluzioni, che in genere sono monouso, valgono una volta sola, ma non aiutano i genitori a fabbricarle autonomamente a seconda delle novità, perché non possiedono una visione d'insieme dei loro figli.

Il risultato è che sembriamo tutti degli investigatori in cerca della famosa impronta digitale del colpevole, ma delle ragioni per le quali il colpevole si è comportato nel modo che ci induce a indagare, neppure l'ombra. Così, capita che proprio in prossimità degli edifici scolastici nascano centri che si occupano di disturbi specifici dell'apprendimento, che effettuano diagnosi costose e trattamenti, non sempre dovuti, altrettanto costosi e non di rado inefficaci. Ci togliamo, genitori e insegnanti, un peso dalle spalle delegando il minore a mani volenterose.

L'insegnante di cui sopra, sulla cui buonafede metterei la mano sul fuoco, aveva poi aggiunto qualche particolare a proposito dell'irrequietezza del bambino. In realtà definire particolari quelli che seguono forse non è appropriato. Sei mesi prima si era suicidato il padre, un quarantenne cui il piccolo era molto affezionato, in conseguenza di tale disastro la madre del bambino era caduta in uno stato di prostrazione ed era sparita dalla circolazione, consegnando il piccolo ai nonni materni, che abitavano a mille chilometri circa da dove il figlio era nato, cresciuto, frequentato la scuola dell'infanzia nonché la prima elementare. Ora, nel nuovo mondo, era impegnato nella seconda.

In casi del genere si potrebbe persino fare a meno di coinvolgere la psicologia. Non possiamo, infatti, risolvere un problema generato, almeno in parte, dalla nostra assenza, facendo ricorso ad un altro tipo di assenza che è solo più sofisticata, mi riferisco alla *delega*, quella che vorremmo dare agli specialisti e che i minori tollerano con fatica.

Attraverso i loro occhi

Ho chiesto ai presenti – si trattava di un piccolo seminario a cui partecipavano una trentina di maestre elementari – di mettersi nei panni del bambino, immaginandosi il suicidio improvviso del marito e l'arresto dei figli per spaccio di sostanze stupefacenti. Dopodiché un trasferimento coatto in un paesino di montagna, visto che eravamo al mare, a mille di chilometri da casa.

Avevo premesso che anche immaginando uno scenario del genere, non avrebbero mai potuto pareggiare la situazione del bambino, posto di fronte a degli eventi estremi, che implicavano dei rifiuti intollerabili per chiunque. Un padre che si sopprime, "malgrado" il bambino. Una madre che riconferma lo stesso disinteresse e sparisce dai radar. Infine, la scomparsa, l'ultima, del proprio ambiente, di tutti gli amici e compagni di scuola.

Avevo aggiunto che non sarebbe servito a nulla trovare delle formule, i bambini non sono degli stupidi disposti a bersi di tutto, bisognava, con enorme pazienza, ricostruire il tessuto della fiducia verso la vita, lacerato in modo quasi irrimediabile, costruendo un rapporto tra lui e le insegnanti, fondato sul verbo "stare", giocandosi giorno per giorno una microscopica monetina. "C'è una montagna aspra da scalare, e ci sono quattro anni di tempo per guadagnare metri", avevo suggerito. Un altro aspetto che avevo toccato, riguardava la frustrazione e il senso di impotenza che l'insegnante manifestava, come se tutto dipendesse da lei. Le avevo fatto presente che in taluni casi siamo chiamati ad accettare la nostra limitatezza e la scarsa agibilità che presentano le situazioni. "In effetti – mi aveva risposto – sono passati sei mesi dall'inizio della scuola, e riscontro che ogni tanto mi manda dei bigliettini affettuosi, anche se il giorno dopo riprende a battere la grancassa".

Quei bigliettini sono una bella piattaforma da cui partire, per spostare qualche macigno dalla strada, ma ci vuole pazienza, l'educazione è un investimento sul lungo periodo, e soprattutto in casi del genere occorre creare una nuova rete di protezione, chiamando in soccorso tutto ciò che il lembo di famiglia rimasto e le insegnanti possono mettere a disposizione.

Un anziano signore mi raccontava di come avesse capito alcune severità del padre, solo quando era diventato egli stesso genitore. Questo non può significare che la pazienza è la terapia, semplicemente vuole dire che i tempi di intervento sono un'arte, almeno quanto la terapia stessa. Quando ricevo una richiesta di intervento per un ragazzino, laddove riscontro che la situazione lo consente e non ci sono motivi di urgenza, chiedo ai genitori che mi interpellano di fare alcune piccole verifiche e osservazioni, e richiamare dopo qualche settimana. Sovente la difficoltà si risolve spontaneamente o quasi.

I nostri figli non sono macchine che possiamo portare ripetutamente in officina, soprattutto perché esiste il rischio concreto che essi percepiscano in quella delega una sorta di giudizio di valore negativo da parte dei propri genitori, come se si trattasse di una forma sottile di abbandono. Se non passiamo dalla strada, più lunga ma assai più fruttuosa, della pazienza e dell'impegno diretto, diventerà più complicato trovare delle soluzioni, anzi è facile che noi stessi si finisca per diventare parte del problema. Non esiste nessuna psicologia in grado di sostituirsi a una coppia di genitori o a dei bravi insegnanti, soprattutto quando ci sono di mezzo scenari a cui prestare particolare attenzione.

Chi ci induce a pensare il contrario sta solo incrementando i nostri problemi.

La tendenza a educare con il ricettario in mano, conseguenza di quello che abbiamo chiamato soluzionismo, non è estranea alla perdita di autorevolezza delle figure pedagogiche.

Se questo principio valeva fino a ieri, ora vale assai di più, da quando il digitale si è insinuato nelle nostre vite, prima con discrezione e benevolenza, suscitando in noi gratitudine e stupore per le luccicanti novità che ci presentava e faceva intuire, poi impossessandosi di ogni spazio libero, praticamente tutto il territorio che gli educatori ritenevano di detenere in esclusiva. Il digitale rappresenta per i ragazzi uno scrigno di opportunità e di tentazioni che ne fanno un concorrente ostico per qualsiasi educatore. Ostico, ma non invincibile e non solo negativo.

Il business sulle fragilità

Nel capitolo precedente avevamo ricordato a noi stessi che la possibilità di negoziazione, nel rapporto con le aziende che producono e commerciano tecnologia digitale, sono scarse. Non aspettiamoci che i nostri competitori si arrendano, che si tirino indietro. Non lo faranno mai e non lo faremmo neppure noi se fossimo al loro posto. Senza contare che qualche buona ragione possono accamparla anch'essi, i costruttori delle strade percorse dai nostri figli. In fondo i social network non sono il male assoluto, tutt'altro, sebbene alcune degenerazioni siano state favorite da un'infinita serie di omissioni e di complicità, anche da parte di chi doveva intervenire con degli impianti normativi, e che si sveglia al massimo quando capisce che la compagnia dei social media bara al gioco con le tasse, cioè col danaro, uno dei pochi argomenti che riescono a infiammare gli animi e ad attirare l'interesse dei governi.

Simili, calcolate, sottovalutazioni le registriamo in altri fenomeni, anche di enorme gravità, come il gioco d'azzardo, che genera fiumi di danaro per le casse dello stato e delle organizzazioni che gestiscono il business correlato, ma rovina la vita di centinaia di migliaia di famiglie, che poi sono costrette a indebitarsi per cercare di salvare il congiunto invischiato nel vizio.

La spesa pro capite *generata dal gioco d'azzardo*, che utilizza macchine digitali e dunque fa parte della sua famiglia, è molto elevata; soltanto censita ufficialmente, si può calcolare assai più alta di mille euro pro capite. Se escludiamo i minori, che per legge non possono accedere a questo tipo di attività, almeno ufficialmente, la somma calcolata per ciascuna persona andrebbe aumentata e non di poco. Solo nella località in cui vivo, ventimila abitanti, si spendono, ufficialmente, venti milioni di euro all'anno nel gioco d'azzardo, ma non possiamo calcolare a quanto ammonti la spesa sommersa. Una rovina che passa sotto silenzio, salvo che in quelle famiglie letteralmente devastate dal vizio, che presto si trasforma in una patologia trascinando interi nuclei nel baratro.

Qualcosa di simile accade con il consumo di alcolici e di sigarette, responsabili di malattie e decessi, diretti e indiretti, in numero elevatissimo. Leggere nelle confezioni, i famigerati pacchetti, che le sigarette contengono almeno settanta sostanze cancerogene e vedere che si continuano a vendere, con ritorni enormi per gli Stati nazionali, genera un danno ancora più grande delle semplici patologie correlate, perché smentisce alla radice tutte le dichiarazioni di principio contenute nei libri sacri cui si fa riferimento. Mi piacerebbe sapere quale genitore fornirebbe ai figli il danaro per comprarsi una droga pesante, aggiungendo con un sorriso che quella sostanza potrebbe fargli male.

Proprio questi ambiti ci danno modo di considerare che il peso dei fenomeni degenerativi finisce per posarsi sempre sulle spalle delle famiglie. A questa regola non si sottrae il mondo dei social media e quello dei videogame, che impegna severamente l'universo genitoriale ed educativo.

C'è bisogno di noi educatori, in prima persona, gli altri possono darci una mano ma il supporto di istituzioni e specialisti non sarà mai decisivo, essi non possono nulla senza il nostro impegno. Insomma, è una partita che va giocata fino in fondo, perché è altamente improbabile si possa vincere per rinuncia del nostro concorrente, l'industria del digitale e i gestori dei social network, che davanti a sé vedono praterie prospere e sempre più promettenti. Pensiamo soltanto agli spaventosi utili generati dai videogame, proprio questi ultimi esplicitamente ritenuti pericolosi dall'Oms, perché suscettibili di creare *dipendenza*, ossia malattie, esattamente come il fumo, l'alcol, le sostanze stupefacenti e il gioco d'azzardo. Quando perdiamo, completamente o quasi, il controllo sulla nostra volontà oppure rimaniamo in balia di qualcosa e non riusciamo ad opporci ad essa, stiamo sperimentando una dipendenza, una condizione dalla quale non possiamo uscire a comando perché dentro di noi è proprio la catena dell'autocontrollo a essersi inceppata.

Tuttavia, non possiamo dimenticare che qualche vantaggio, volendo, lo abbiamo anche noi. Nei primi anni di vita dei nostri figli, ad esempio, operiamo quasi in regime di esclusiva. Mentre si stanno formando le linee guida delle loro personalità, siamo praticamente senza concorrenti, quindi il grosso del lavoro avremmo dovuto svolgerlo in quella fase. Se abbiamo perso questo treno non è colpa solo delle grandi compagnie che vendono prodotti digitali, forse abbiamo saltato qualche passaggio, gli stessi che ora vorremmo recupere delegando agli specialisti.

Non è questa la strada, proviamo a essere meno scontati. Potremmo imbatterci in qualche piacevole sorpresa e, soprattutto, scoprire che eravamo più vicini di quanto pensassimo ai nostri figli, che forse sarebbe bastato allungare la mano meno timidamente e avremmo toccato la loro, ma soprattutto che siamo comunque in tempo. Sempre che si abbia voglia di provarci.

7

Correre, se è proprio necessario, pensando

La fretta e l'eccessivo entusiasmo per le proprie attese, figli entrambi di una certa carenza di spirito critico, possono generare dei danni anche cospicui. Tali deformazioni tendono a diventare più frequenti nell'universo immateriale creato dalla tecnologia.

Ci caschiamo tutti, talvolta può dipendere da uno stato d'animo temporaneo, un raffreddore passeggero, se invece si tratta di un atteggiamento sistematico, reiterato, e soprattutto se si manifesta quando occupiamo posti di responsabilità, allora il problema è serio. Di un episodio del primo tipo, raffreddore passeggero, sono stato vittima io stesso, pochi mesi orsono, in una città del centro Italia, verso le nove di sera, mentre mi accingevo a entrare in un edificio presso il quale avrei tenuto una conversazione.

La mia attenzione era stata catturata da un gattino, che a me sembrava quasi in contemplazione sotto la statua di un santo, collocata sul bordo di una vasca ornamentale. L'illuminazione tenue e calda, faceva sembrare mistico l'insieme, forse dipendeva anche dalla circostanza che mi trovavo da solo, lontano da casa e avvertivo un filo di nostalgia. Confesso che l'idea del gatto intento a rimirare il santo, mi faceva tenerezza, in fondo, mi dicevo, quell'animaletto non aveva alcun interesse a perdere tempo in quell'occupazione, eppure non sembrava dare segni di stanchezza.

Avevo immortalato la scena con lo smartphone, e dentro di me mi abbandonavo compiaciuto a qualche pensiero filosofico. Mentre la testa inseguiva pensieri edificanti mi avvicinavo alla vasca, che ora potevo vedere per intero, sarà stata profonda una quarantina di centimetri, larga tre o quattro metri e lunga una diecina, ma quello che non avrei immaginato e che in qualche modo smontava ogni concessione al sentimentalismo, era la presenza di alcuni pesci rossi che nuotavano in quella acque!

Dunque, il gatto non stava pregando, stava solo puntando le sue prede, aspettando che uno dei pesci si avvicinasse al bordo e si mettesse a tiro di zampa.

In altre parole, ero stato frettoloso, avevo sperato che le cose potessero seguire il profilo del mio stato d'animo. Avevo bisogno di familiarità, e un gatto che si mette a fare il mistico alle nove di sera, era quello che ci voleva.

Preso atto di come stavano le cose, mi è bastato poco per tornare alla realtà e concedermi una risatina autoironica, tuttavia quando certi abbagli si verificano all'interno di contesti che invece dovrebbero esserne immuni, come un convegno di esperti, abbiamo il diritto di provare un certo senso di solitudine, e anche un poco di rabbia, come potremo sperimentare nelle prossime righe.

Intanto registriamo che nel nostro paese esistono solo due cattedre di "Etica e informatica", entrambe nel nord del paese, una a Milano, l'altra a Torino. Un numero esiguo, persino insignificante, rispetto alla vastità dei fenomeni collegati. C'è qualcosa che stride tra l'allarme sociale, certamente esagerato, che sembrano suscitare i social network, e questa sparuta pattuglia di "controllori" all'interno di corsi dove si dovrebbe insegnare e imparare l'utilizzo degli strumenti informatici. Inutile dire due sole cattedre per un Paese di sessanta milioni di abitanti rappresentano poco più che una presenza testimoniale, omeopatica, ma è sempre meglio di niente.

Tuttavia, a scanso di equivoci meglio precisare che in assenza di una rete pedagogica familiare, competente e credibile, su cui abbiamo insistito nelle pagine precedenti, capace di seminare spirito critico nella testa delle nuove generazioni, nemmeno mille cattedre potrebbero bastare.

Il vaccino più importante

La capacità critica è sempre un grande alleato dei buoni comportamenti, un ottimo precursore di esiti altrettanto buoni, ma quando è coinvolto l'universo digitale essa diventa addirittura indispensabile, perché il terreno sul quale ci muoviamo è di per se stesso ingannevole e richiede alti investimenti in vigilanza.

Somiglia, la capacità critica, al termostato installato nelle nostre case. Ci permette di controllare se l'impianto di riscaldamento si sta comportando secondo le impostazioni che gli abbiamo dato.

I sistemi sociali, siano essi materiali o virtuali, non possono funzionare senza questo ingrediente, tutte le volte che esso viene meno, le conseguenze possono essere serie. I rischi aumentano a dismisura nei delicati domini della comunicazione digitale, dove la capacità critica può diventare la prima vittima illustre, lasciando un immenso spazio vuoto, che presto sarà occupato da sostituti assai meno affidabili e non sempre bene intenzionati, ai quali dobbiamo quella specie di effetto tonnara, brulicante di istinti ed emozioni in libertà, alligatori virtuali, in cui spesso si trasforma la comunicazione sulla Rete.

A mettere una borsa di ghiaccio all'intero sistema dovrebbero contribuire gli esperti e gli studiosi, ma i primi spesso sono al servizio delle grandi compagnie che sull'espansione del business digitale puntano tutte le loro carte, mentre i secondi a volte si lasciano prendere la mano dall'eccitazione e abbassano la saracinesca, come era accaduto nel convegno, in cui stiamo per mettere piede, dove si parlava di *memoria digitale*, e il termostato sembrava fuori servizio, anzi forse non era stato neppure installato, così ci si regolava a occhio.

Alle riflessioni scaturite in margine a quella manifestazione, dedicheremo questo capitolo e il prossimo, poiché ritengo vi si possano individuare alcune responsabilità, che una volta tanto non sono attribuibili ai genitori e che spiegano parte delle difficoltà che le famiglie sono state chiamate a fronteggiare nell'interazione dei propri figli con le piattaforme digitali.

Tanto per cominciare, ero rimasto impressionato dall'entusiasmo dei relatori, posseduti da un'eccitazione palpabile, talmente travolgente che dal pubblico sarebbe stato pressoché impossibile, e anche discretamente imprudente, eccepire. Si rischiava il biasimo o come minimo qualche risatina di compatimento, come quando all'opera si applaude fuori tempo e si viene zittiti da una valanga di improperi.

Cambiali in bianco

Si era creato un clima di conformismo estremo, da raduno religioso, nella stanza che ospitava quel convegno, mancavano solo la piscina per i battesimi di massa, i gadget con lucine intermittenti, il coro gospel e le riviste che esortavano a essere lieti perché la fine del mondo era vicina. Insomma, sembrava mancare quella capacità critica cui si faceva cenno poc'anzi. Tuttavia, quando il banco di prova possiede il volto sconosciuto dell'universo tecnologico abitato dai nostri figli, affrontarlo senza capacità critica è come imboccare un'autostrada contromano, esponendosi a rischi severi.

È facile che tale limite possa investire giovani utenti e genitori, non dovrebbe accadere quando a parlare sono persone qualificate, come avrebbero dovuto essere i relatori del convegno tra i quali, come detto, lo spirito critico latitava e si era apparecchiata una situazione grottesca.

Ma prima di procedere con il racconto del convegno, lo faremo con calma nel prossimo capitolo, dobbiamo mettere ancora più in chiaro quali effetti, non sempre grotteschi purtroppo, possono verificarsi quando spegniamo le luci dello spirito critico. Per arrivarci dobbiamo fare due piccole deviazioni, passando attraverso luoghi molto ordinari, un cinema e un supermercato.

Mesi fa mi sono recato con mia moglie in una multisala, dov'era programmato un film d'arte sulle basiliche romane. Il pubblico ammontava a una trentina di persone, in attesa di godere le meraviglie di quelle opere, ma qualcosa non è andato per il verso giusto. Quand'è partita la proiezione si è notato che le prime immagini erano decisamente buie, i colori stessi apparivano appassiti, acidi, sgradevoli. All'inizio si tende a dare credito, magari rimproverandosi di non avere capito le intenzioni del cineasta, ma se le cose rimangono "strane", forse bisognerebbe porsi qualche domanda.

Dopo alcuni minuti, eravamo al punto di partenza ma nessuno fiatava, anzi alcuni spettatori, seduti vicino a noi, bisbigliavano apprezzamenti, ipotizzando addirittura una scelta "geniale" del regista, che ci avrebbe condotti metaforicamente "dal buio alla luce".

Considerazioni che raccoglievano un certo consenso tra lo sparuto gruppo di volenterosi, tuttavia di luce se ne vedeva poca, anzi, si brancolava nel grigio scuro. Così mi ero deciso a rompere gli indugi, andando in cerca dello steward. Lo avevo trovato in fretta, pregandolo di venire a dare un'occhiata. Appena entrato si era reso conto di trovarsi di fronte a un malfunzionamento, così, dopo essersi scusato per l'inconveniente, aveva fatto ripartire daccapo la proiezione.

Manco a dirlo, stavolta la luce è arrivata, subito. Sono convinto, però, che se non avessi preso quell'iniziativa l'avremmo attesa vanamente sino alla fine, magari continuando a interrogarci sulle intenzioni recondite del regista e tornandocene a casa convinti di non essere stati all'altezza della sua inventiva, insomma dando la colpa a noi stessi.

Quello appena raccontato è un episodio di conformismo e di carenza di spirito critico. Si era verificato un problema tecnico, eppure un gruppo di cinefili presenti, era propenso a credere vi fosse una precisa finalità artistica in quelle immagini così crepuscolari.

Un fenomeno del genere è pane quotidiano nel cyberspazio, dove prendere lucciole per lanterne è quasi la normalità, soprattutto dove lo spirito critico di cui si diceva non si è consolidato a sufficienza.

Era accaduto qualcosa di simile a ciò che abbiamo raccontato a proposito del convegno sulla memoria digitale, ma quando non si tratta di cinema, un approccio tutto centrato sull'entusiasmo può favorire conseguenze spiacevoli, perché le parole di un esperto non sono quelle del primo che passa.

In quella sala cinematografica, che per fortuna non è un'aula universitaria, aveva preso forma una sorta di effetto maggioranza, che magari all'inizio è stato innescato da una minoranza.

È quasi tempo di tornare tra il pubblico del convegno il cui protagonista era, come detto, l'universo digitale, prima però dobbiamo affrontare una delicata questione di uova deposte da galline allevate all'aperto, perché ci aiuterà a capire perfettamente come la carenza di spirito critico, spesso alimentata da pregiudizi privi di fondamento, possa nascondersi dove meno ce lo aspettiamo e da qui colpire le coscienze dei nostri figli.

8

Le chiese del digitale e la vacanza dello spirito critico

Cerco delle uova deposte da galline allevate all'aperto, in un supermercato che frequento solo episodicamente, in genere mi servo da un'altra parte, dove conosco meglio la disposizione dei prodotti. Chiedo a un signore, che mi sembra avere più familiarità con l'ambiente, se mi sa indicare dove posso trovare quelle uova. Mi guarda come se gli avessi offerto della droga o lo avessi insultato: "Ma come, allevate all'aperto! Non scherziamo, igienicamente sono una frana. Le galline vanno dove gli pare e le depongono anche in posti pieni di schifezze. Ascolti me, prenda quelle da galline allevate in batteria, che dal punto di vista della salubrità sono il massimo".

Chiedo sommessamente se per caso gli è mai capitato di visitare un allevamento in batteria e se si rende conto della crudeltà del metodo, dopo di che lo informo che esistono controlli sanitari anche per il tipo di produzione sul quale sono orientato, ma lui sembra non avere dubbi: "Un amico di cui mi fido ciecamente è sempre collegato a internet, lui è informatissimo!".

L'assopimento dello spirito critico genera conseguenze proporzionali a seconda degli ambiti in cui si manifesta. Difficile possa fare danni cospicui se parliamo di abbigliamento, ma gli scenari cambiano se a essere coinvolti sono i nostri figli, la Rete e i social network, ambienti già di per sé dotati di poteri di condizionamento senza precedenti nella storia della nostra specie. Con le dovute proporzioni, la rinuncia allo spirito critico innesca il medesimo processo che ritroviamo in certe malattie psichiche, dove si spegne la capacità di distinguere il vero dal falso, di valutare gli eventi per quello che sono, di capire che non basta pensare di essere Napoleone per diventare automaticamente l'imperatore francese.

L'atteggiamento fideistico di alcuni relatori del convegno di cui abbiamo iniziato a parlare nel capitolo precedente, apriva la strada alla conseguenza più pericolosa, quella che vuole la nostra presunta verità diventare tale, e a tutti i costi, per il resto degli esseri umani. Gli entusiasti-acritici sono ben rappresentati in ogni ambito della vita culturale e sociale, dalla politica alla religione, dall'economia ai corsi di cucina, dalla tecnologia alla scienza, fino al tema della memoria digitale, di cui si parlava in quell'adunata.

Qui è d'obbligo richiamare, a beneficio di quegli entusiasti, quanto scritto nel capitolo dedicato ai pericoli legati ai social media, denunciati addirittura da un noto manager di Facebook, che parlava in nome e per conto dell'azienda che lo stipendia. Delle sue parole, inquietanti, abbiamo dato conto nelle pagine precedenti, ma nelle settimane successive a quelle affermazioni le prese di distanza dai social network, o da alcuni lati grigi della loro presenza, sono state numerose e qualificate, spesso provenienti dalle schiere di professionisti che avevano operato nello sviluppo di tali piattaforme. Una fuga significativa perché concretizzatasi "a consuntivo", da parte di persone che avevano agito a lungo all'interno di tali piattaforme, dunque una presa di distanza consapevole.

In realtà certe persone sono strutturate in modo tale da inseguire perennemente posizioni estreme, passando disinvoltamente dal tutto al nulla. Purtroppo, mentre loro cambiano vestito e si spostano da una parte all'altra, interi gruppi sociali si sono dovuti mettere a fare la conta dei danni. L'estremismo nasconde spesso indizi di immaturità, è una condizione della psiche, mai evoluta dagli schemi bipolari dell'infanzia. I grandi esperti del digitale, che purtroppo non sono estranei alle vite dei nostri figli, in genere se la cavano meglio con gli algoritmi e le macchine evolute, mentre sembrano faticare con le sfumature della vita tridimensionale.

Nessuna valutazione dei rischi

Forse per questa ragione, nessuno dei relatori presenti al convegno aveva avuto da porre osservazioni su aspetti meno favorevoli, tanto tutto si sarebbe sistemato da solo, nessun accenno a possibili effetti collaterali, soprattutto nei soggetti che fatalmente sarebbero stati investiti frontalmente, ossia *genitori, bambini e ragazzi.*

Ora, se una pretesa così insindacabile, quella dei relatori del nostro convegno, possiamo sopportarla quando ci troviamo di fronte a un valoroso "dimostratore", una di quelle persone che vengono a casa per presentarci le virtù di un'aspirapolvere o di un robot da cucina, non ci è consentito essere tanto generosi quando ci sono di mezzo delicati interessi della persona e ancora meno se quegli interessi riguardano bambini o ragazzi, individui in formazione, la cui vita può dunque assumere potenzialmente tutte le traiettorie possibili.

Così, all'entusiasmo acritico di chi magnificava le virtù dell'universo digitale, tra loro alcuni docenti universitari, facendo intendere che chi non si adeguava era all'incirca un uomo primitivo, mi ero sentito di opporre, sfidando l'inerzia e intervenendo nel corso del dibattito, un piccolo ragionamento e una conclusione.

Il ragionamento argomentava che lo stile di vita, ossia il modo singolare in cui un individuo, che per quanto ci riguarda qui potrebbe essere uno dei nostri ragazzi, si muove verso i propri obiettivi, poggia su tre gambe. La costituzione *ereditaria, le impressioni soggettive e l'ambiente.*

Un ambiente tutto nuovo

L'ultimo ingrediente, l'ambiente, che mi sentirei di definire l'azionista di maggioranza della triade, viene investito frontalmente dalla digitalizzazione della realtà, questo ci obbliga a munirci di qualche idea non improvvisata sul da farsi perché, ribadiamolo, modificare la natura dell'ambiente significa alterare il principale degli ingredienti che gli uomini utilizzano per strutturare il proprio mondo interiore. Non si tratta di una notazione marginale, stiamo toccando il cuore di tutti i problemi legati al processo di digitalizzazione del nostro mondo, ossia l'influenza che esso avrà nella formazione dello stile di vita degli individui.

Un ambiente che perde consistenza, divenendo radicalmente diverso da quello che per millenni siamo stati abituati a considerare. È come se, nella costruzione metaforica dell'edificio della personalità, avessimo sostituito il cemento con qualcosa di etereo, impalpabile, privo di massa.

Torneremo molto presto su tale aspetto della questione, che mi permetto di definire decisivo, ossia la profonda modificazione dell'ambiente, perché è proprio questo il terreno che viene scavato in profondità dall'irruzione del digitale e delle sue molteplici influenze nell'arena dei bambini e dei ragazzi.

Veloci ma vigili

La mia conclusione era stata conseguente: l'accelerazione dei processi, sia a livello individuale che sociale, genera vistosi problemi agli esseri umani. Correre peggiora le nostre vite, ma se proprio non possiamo evitarlo, mi ero permesso di dire, sarebbe meglio farlo *pensando*. A queste considerazioni aggiunsi che l'accelerazione impressa alla nostra vita dall'irruzione del digitale, non è stata priva di conseguenze, sebbene non necessariamente palesatesi in maniera sfacciata. Tanto per non rimanere nel vago, il numero dei bambini che vengono sottoposti a cure psicofarmacologiche è cresciuto enormemente negli ultimi decenni, mentre l'uso di antidepressivi in Occidente è schizzato in alto come un acrobata che rimbalza sulla rete di sicurezza. Una deriva che sembra avere a che fare proprio con il ritmo forsennato cui sono sottoposte le giornate, che si era annunciata ancora prima che il digitale estendesse la propria signoria sulle nostre esistenze, ma che era divenuta irresistibile con il suo arrivo, se è vero come è vero che la potenza degli oggetti digitali utilizzati si raddoppia ogni manciata di mesi, con la conseguenza, abbastanza logica, che se abbiamo per le mani una macchina sempre più veloce faremo di tutto per starle al passo. Del resto, sarebbe da sciocchi non approfittarne. Lo abbiamo già fatto col cibo, sovrabbondante in Occidente ma oramai diventato un problema serio per la salute delle persone nonché per tutti i sistemi sanitari di diverse aree del Pianeta, a cominciare dagli Stati Uniti, dove l'obesità è da tempo una grave piaga sociale.

Ci siamo abituati anche alla farmacodipendenza di massa, così come oramai consideriamo normale la proliferazione di certe diagnosi relative ai disturbi scolastici e riteniamo oramai familiari le sigle adottate per descriverle, poiché dare i nomi alle cose sembra avere l'effetto di tranquillizzarci. Si tratta solo di capire però se la conoscenza dei nomi significa conoscere anche ciò che essi indicano.

Dopo gli eccessi può capitare che arrivino anche pentimenti eccellenti, com'è accaduto nel caso di diverse figure di spicco provenienti dalle stanze dei bottoni delle piattaforme digitali. Ma vi sono pentiti pure nell'ambito della medicalizzazione a tappeto dei disturbi mentali, uno di questi si chiama Allen Frances, pezzo da novanta della psichiatria mondiale, curatore del Dsm IV, un manuale che somiglia sempre più ad una sorta di Bibbia dell'universo degli specialisti della mente, dove nomi e codici la fanno da padroni.

Ebbene, Frances, in occasione dell'uscita del Dsm V, successivo all'edizione da lui curata, si è fatto presente con un volume significativamente intitolato *Primo, non curare chi è normale*.

Un testo, quest'ultimo, che ricorda molto da vicino, almeno nello spirito, il libro dei Salmi, il cui autore sentiva la necessità di espiare, dopo avere provocato la morte di un suo generale per portargli via la moglie.

È necessario valutare con attenzione e onestà intellettuale gli effetti che è in grado di produrre sulle persone, soprattutto le più esposte, come i minori, la massiccia irruzione del digitale nella loro vita, non perché dobbiamo avere paura di questo nuovo ospite, ma per la semplice ragione che è più conveniente per tutti conoscere meglio le sue credenziali e i suoi progetti, sempre che ne abbia, oltre a quello di fare business con noi, che ne siamo il prodotto per eccellenza.

Ma questa partita, difficile e ancora apertissima, ci sfuggirà di mano se cadremo nella tentazione di attribuire agli oggetti digitali anche responsabilità che invece sono da mettere in conto a noi educatori.

Non c'è nessuna macchinazione ai nostri danni, semplicemente, come accade da quando esiste l'uomo, c'è qualcuno che cerca di guadagnare danaro immettendo sul mercato idee e prodotti appetibili, capaci di risucchiare l'interesse dei nostri ragazzi, ma anche di tantissimi adulti. Il vero pericolo è accettare il regalo senza scartarlo, come accadeva ai relatori del convegno su cui ci siamo soffermati, senza dimenticare, però, che uno degli effetti collaterali di questo lavorio si chiama progresso.

Lo spirito critico e autocritico ci può venire in soccorso, perché aiuta a separare ciò che è sano da ciò che è malato, quello che può crescere da ciò che è condannato a rimanere immobile, perché le sue vele, prive di spinta, sembrano essere incappate in un'eterna bonaccia, dove niente si muove.

Forse non c'è nulla di nuovo in quello che sta accadendo, forse il digitale alla fine non diventerà il Golia che temiamo. I bambini e i ragazzi rappresentano il più grande mercato del pianeta, naturale che i produttori puntino i riflettori su di loro. A noi il compito di non lasciare da soli questi attori e di non perdere tempo a lamentarci, considerato che nel nostro paese si cominciano a curare psicopatologie da Web, che sovente culminano nella drastica contrazione della vita sociale dei minori colpiti e nell'interferenza, anche grave, nei processi che presiedono alla costruzione della loro personalità.

Ma non siamo alla catastrofe, inoltre l'antidoto è ancora nelle nostre mani.

Se siamo ancora interessati a educare i nostri figli, ci saranno molte buone sorprese, probabilmente Davide potrà disorientare Golia e, come sempre accade agli uomini, metterlo al proprio servizio.

9

Osservare un figlio. Spiare un figlio

Una ventina di anni fa mi sono occupato a lungo di un uomo che di mestiere faceva l'allevatore di polli. Non saprei se le cose nel frattempo siano cambiate, ma allora l'incubo di questi imprenditori erano le epidemie aviarie, perché potevano sterminare, per contagio, tutti gli animali, mettendo in grave crisi finanziaria l'azienda. Lui era diventato bravissimo nel prevenire questo tipo di incidenti, infatti il proprio allevamento non vi era mai incappato. Me lo raccontava compiaciuto, a giusta ragione, perché si trattava di un esercizio di abilità non proprio comune. "Percepisco ogni variazione nei versi che emettono, avverto ogni cambiamento nell'umidità all'interno del capannone, persino nei caratteristici odori che si creano, così intervengo in modo tempestivo e mirato, secondo procedure sanitarie che nel tempo mi sono diventate familiari. Raramente mi sono morti dei polli".

Sebbene possa sembrare un poco irriguardoso, almeno per noi che non ci occupiamo di polli ma di bambini e di ragazzi, quell'allevatore di polli è il prototipo del buon osservatore. Percepiva i gemiti, non aspettava le urla. Potrebbe essere un ottimo modello anche per chi educa.

Ora, con questo esempio bene in vista, proviamo a domandarci quando e per quanto tempo abbiamo osservato i nostri figli, dico in generale, nel corso della loro vita, non solo mentre erano ingaggiati con una qualche attività avente a che fare con uno smartphone, una console, un computer, oggetti che per il solo fatto di esistere generalmente fanno storcere il naso alla maggior parte dei genitori.

Già che ci siamo cerchiamo di ricordarci qual è stata l'ultima volta in cui abbiamo chiesto loro come stavano o abbiamo posto qualche domanda non inquisitoria, le uniche che potrebbero sopportare, sulla loro vita. I nostri figli sono così poco abituati a sentirsi rivolgere domande disinteressate che quando gliene rivolgiamo qualcuna rimangono, almeno all'inizio, disorientati.

Una madre, che da anni non perde occasione di tempestare il figlio di domande e recriminazioni sul tempo che trascorre davanti alla console dei videogiochi, che lei stessa le aveva regalato, e allo smartphone, che lei medesima le aveva comperato, riferisce di avere provato a cambiare i toni, virando verso un atteggiamento meno drastico. Una mattina, montandosi una sorta di sorriso, si è recata in cucina dove il figlio stava facendo colazione, e invece di domandargli se nello zaino aveva messo tutto quello che serviva, come faceva di solito, e se aveva studiato abbastanza il giorno prima, aveva lasciato da parte il tono militaresco chiedendogli, con dolcezza, come stava.

"Mi ha risposto se ero sicura di sentirmi bene".

Le rare volte in cui riusciamo davvero a porre domande centrate sui loro interessi e non esclusivamente sulle nostre ansie, è solo perché riteniamo di conoscere le risposte, anzi è probabile che stiamo ponendo quella particolare domanda per avere conferma di una nostra convinzione, e se la risposta non è quella che stiamo cercando, la riterremo sbagliata.

Strade che non si incrociano

Insomma, ci autoconvinciamo di sapere tutto di loro, forse per questo non troviamo necessario osservarli, tanto siamo sicuri che certi incomprensibili umori che li attraversano siano dovuti a delle stupidaggini, cose di poco conto, tipiche della loro età, che passeranno con la stessa rapidità con cui sono arrivate. In fondo siamo noi gli adulti, quelli che devono affrontare i veri problemi della vita, coloro che la sanno più lunga perché da quelle strade sono passati prima dei ragazzi.

Si tratta però di capire esattamente da quale strada siamo passati, forse abbiamo semplicemente attraversato la stessa età, questo è sicuro, ma non è detto che abbiamo camminato sugli stessi sentieri, che abbiamo letto gli stessi cartelli indicatori, anzi è assai probabile che fossimo in movimento su altre orbite, su piste molto distanti tra di loro, come accade agli elettroni che vorticano intorno al nucleo dell'atomo. Ognuno sulla propria corsia, senza possibilità di sfiorarsi, attratti da panorami completamente diversi.

Dunque, non è affatto vero che ci siamo passati prima, è solo un modo di dire per millantare esperienza e competenze, sebbene a noi piaccia pensare il contrario. Spesso è priva di fondamento la pretesa di sapere esattamente cosa si muove nella loro vita, un tale traguardo è riservato solo ai buoni educatori, a coloro che sanno porsi delle domande, che non sono mai certi delle risposte né tantomeno delle proprie ragioni, insomma i dubbiosi. Per quanto possa sembrare strano, una bella dose di dubbi apre più strade di quante non ne possa aprire la dinamite, oggi più che mai, visto che noi e loro abbiamo a che fare con spazi incerti, non più tridimensionali, tangibili e definiti.

Sono queste certezze artificiose, del tutto prive di senso e legate all'idea piuttosto primitiva che basta avere un ruolo per essere in grado di svolgerlo, che contribuiscono ad allargare le crepe generazionali trasformandole in voragini.

Da alcuni giovani pazienti ricevo aggiornamenti costanti sulle novità legate al digitale, su nuovi balli e generi musicali emergenti, nomi che non sapevo nemmeno esistessero, mi faccio spiegare di cosa si tratta, sperimento la mia ignoranza e non mi sento per nulla inadatto, per quanto possa misurare la velocità con la quale invecchiano le mie conoscenze. Sulla mia scrivania c'è un testo di due pagine, tutte in rima. Si tratta di un Rap, mi è stato donato da un insegnante, l'autore è un suo studente, delle medie.

Imparare il loro mondo, senza decidere prima che il nostro è meglio. Seguirli con lo sguardo senza invadere il loro spazio. Un sogno.

Normalmente chi è sicuro di sapere tutto quello che gli è necessario, non osserva, e se prima lo faceva smetterà di farlo. In fondo perché essere così complicati, quei figli li abbiamo visti nascere, tenuti in braccio, lavati, coccolati, viziati oppure trascurati, dunque non è possibile che vi sia qualcuno al mondo che li possa conoscere meglio di noi. Il fatto è che non funziona così, la vicinanza non garantisce la conoscenza, anzi accade che più stiamo vicini a un'immagine più fatichiamo a coglierne l'effetto d'insieme. In corso Garibaldi a Milano, la facciata laterale di un palazzo è la tela su cui ogni paio di mesi dei pubblicitari dipingono straordinari murales, per conto di note aziende, per lo più del settore della moda. Quando sono montate le impalcature usate dai pittori, bisogna allontanarsi di un centinaio di metri per vedere cosa sta accadendo, quale immagine si sta materializzando.

Proprio a causa delle difficoltà sottese dall'eccessiva vicinanza, quella certezza di sapere tutto e la conseguente scelta di smettere di osservare, di cui si diceva, possono rappresentare l'inizio di una serie di smacchi per chi educa.

Le certezze che accecano

Un esito nascosto nella convinzione, sovente granitica e inattaccabile, di conoscere una volta per tutte, definitivamente, creature che invece cambiano ogni giorno, mentre discendono con le loro barchette le rapide di fiumi impetuosi, impregnandosi di climi e paesaggi che non sono mai gli stessi, proprio perché la loro è l'età del cambiamento più sfrenato, sebbene un occhio davvero attento e non minato dalla presunzione possa continuare a vedere agevolmente i forti elementi di continuità che caratterizzano la loro personalità.

Certo, chi meglio di noi può conoscere nostro figlio. Una formula sacra che ci ripetiamo fino a farla scadere in filastrocca ma che in fondo speriamo sia un esorcismo, qualcosa che ci rassicuri e trattenga ciò che sentiamo, impotenti perché presuntuosi, scivolare dalle dita. Paure, eppure nessuno ci toglierà mai dalla testa che sul loro conto le cose stanno come noi ci ostiniamo a credere, quindi non sono previsti osservazioni e approfondimenti, al massimo qualche controllo "a campione", come si fa nella grande industria, per verificare che non ci siano pezzi difettosi. Insomma, si spia, un'abitudine aumentata vertiginosamente da quando sono entrati in scena gli oggetti digitali e i social network, proprio perché questi ultimi tendono a sfuggire al nostro controllo, in quanto immateriali e quindi difficili da esplorare.

"Osservare un figlio", tuttavia, è cosa molto diversa da "spiare un figlio", non si dovrebbe neppure perdere tempo a ragionare su tale distinzione, ma troppo spesso nei rapporti educativi ciò che dovrebbe essere scontato diventa eccezione. Da quando le forme di comunicazione digitale si sono quasi sostituite a quelle viso a viso, sebbene non è detto che queste ultime scoppiassero di salute, l'attitudine a spiare è stata assimilata stabilmente nelle pratiche educative dei genitori, ma è una strada senza uscita, come vedremo.

Quando si osserva è il figlio a essere posto al centro dell'interesse, mentre quando si spia i protagonisti siamo noi educatori e le nostre paure, possiamo vederne qualche riflesso nella piccola vicenda che segue.

Molti anni fa si era rivolta a me una giovane madre. Quando si era accomodata sembrava un'anima in pena, come fosse reduce da un evento particolarmente impegnativo. Il suo bambino di 7 anni le aveva raccontato che nei bagni della scuola si era lasciato tentare dalla "curiosità". Insieme a due coetanei si erano tirati giù calzoni e mutande dedicandosi all'osservazione dei rispettivi organi genitali, immagino per verificare la conformità dei propri.

Per i bambini *somigliare* è molto importante, poterlo verificare offre loro la certezza di essere come gli altri, quindi normali. Il bambino, giusto per dire quanto le proprie intenzioni fossero scevre da ogni morbosità, si era confidato serenamente con la madre, parlandole della propria curiosità e della soddisfazione provata nel constatare che il suo arsenale era pressoché identico a quello dei suoi amici.

Avevo chiesto a quella madre perché fosse venuta a consultarsi, lei mi aveva risposto che desiderava conoscere il mio pensiero per tranquillizzarsi sulla natura del comportamento del proprio bambino, anzi forse sulla natura del bambino, su eventuali orientamenti sessuali. A mia volta, avendo intuito di trovarmi di fronte ad una persona concentrata sulle proprie fobie assai più che sugli interessi del figlio, le avevo chiesto se per caso, dopo le confidenze del bambino, lei stessa avesse fatto qualche commento.

Immaginavo qualche uscita maldestra, generata dall'ansia materna più che dall'oggettiva importanza dell'evento riferito dal bambino, nient'altro che un sano esercizio di curiosità. A questo punto la donna era stata colta da un certo imbarazzo e aveva ammesso come stavano realmente le cose, ossia era proprio venuta per sapere se quello che aveva risposto al suo bambino dopo le confidenze dello stesso, poteva averlo mandato in confusione.

"Dopo averlo ascoltato e ringraziato per la fiducia, avevo aggiunto di avere saputo da una maestra che in bagno stavano per mettere delle telecamere e che dunque non era il caso di ripetere certi comportamenti!".

Ecco, lascio al lettore stendere l'elenco della valanga di rimandi che potrebbero essersi fissati nella testa di quel bambino, qui mi limito a ricordare, come abbiamo appena visto, la differenza abissale che corre tra osservare e spiare.

I modi in cui si osserva e si spia qualche volta potrebbero coincidere, ma è lo spirito a essere radicalmente diverso, proprio per quanto si diceva. Osservare è un mezzo per conoscere e agire consapevolmente, spiare è solo un modo per controllare e mettersi in pace con se stessi. Nell'osservazione è coinvolta l'intelligenza, che fa crescere anche gli educatori e crea vicinanza, l'attività di spiare, invece, sembra una semplice variante del gioco a guardie e ladri, che incrementa la diffidenza, spegne la fiducia e crea distanza.

Gli osservatori e gli spioni possono anche guardare dalla stessa parte, ma vedono cose completamente diverse, dal momento che criteri interpretativi e finalismi non coincidono. È molto più probabile che siano gli osservatori a vedere quello che c'è da vedere, mentre gli spioni finiscono per impigliarsi nei loro stessi pregiudizi e rimanere accecati.

Infine, non è un particolare di poco conto, l'impegno educativo diventa più interessante e gradevole se impariamo a essere buoni osservatori, mentre sarà sempre triste e faticoso se ci fermiamo al grado di spioni. Dunque, sarebbe nel nostro interesse intraprendere la carriera di osservatori abbandonando quella di spioni.

Questo principio vale moltiplicato per mille se lo scenario è il rapporto dei nostri figli con il mondo digitale, che dalle sue origini noi abbiamo eletto a nemico giurato, virando verso la vocazione di spioni e, in definitiva, complicando cose che già di loro lo erano discretamente.

Un ragazzo osservato percepisce un giudizio di valore positivo su di sé, riceve incoraggiamento dall'interesse che registra nello sguardo del genitore. Un ragazzo spiato, invece, perde fiducia nelle proprie capacità, perché il controllo sistematico degli adulti gli conferma i dubbi e le paure che coltiva sulla propria persona.

Spiare non è un metodo educativo ma un atteggiamento diffidente e poliziesco, che allontana le parti fino a produrre fratture, eppure si è fatto strada con grande tenacia da quando le chat e i social network sono entrati nelle nostre case, creando forse più danni delle stesse piattaforme che tanto temiamo.

10

Meglio osservare che spiare

Certo, osservare è più facile se davanti a noi c'è qualcosa di tangibile, dei paesaggi, delle automobili, delle persone in carne e ossa, almeno così ci pare debba essere, essendo abituati a confondere l'osservazione con l'atto di guardare. Ne consegue che non consideriamo osservabili le attività dei nostri figli legate al digitale. Ma neppure i biologi, che devono indagare certe malattie, sono in grado di vedere in faccia quella particolare cellula piuttosto che quel particolare virus, e infatti non perdono nemmeno tempo a cercarli, preferiscono concentrarsi sugli anticorpi. In parole semplici, se registriamo la presenza dei soldati che dovrebbero combattere quella tale malattia, significa che c'è anche la malattia.

È questo il modo di osservare che dobbiamo adottare se vogliamo cogliere i veri risvolti della presenza digitale dei nostri figli.

Bisogna cercare quegli anticorpi, visibili solo nella vita reale, esattamente nella qualità delle loro interazioni sociali, perché nella virtualità è facile ripararsi dagli sguardi dei grandi, depistandoli. Nelle interazioni reali, nel rapporto con i loro compiti vitali (amore, amicizia, lavoro o studio) c'è scritto tutto quello che desideriamo, è impresso tutto ciò che cerchiamo, per questo non è necessario infilare la testa nei loro profili, violandone furtivamente la privacy e mettendoci in definitiva sullo stesso piano delle piattaforme che speculano sulle loro fragilità, mentre li derubano dei segreti più intimi.

Se vogliamo davvero sperimentare l'efficacia di questo metodo, dobbiamo osservare, perché solo quest'attività dimenticata o, peggio, snobbata può avvicinarci ai nostri figli, senza trasformarci in quegli spioni di prima.

Recentemente mi è stato chiesto un contributo all'interno di una bella rassegna, in cui specialisti di diversa estrazione declinavano il concetto di *responsabilità*, ciascuno secondo la disciplina di provenienza.

A me, come logico, era toccato leggerlo in chiave psicologico-educativa.

Mi ero intrattenuto per diversi minuti sull'importanza dell'osservazione, cercando di spiegarne i vantaggi, passati e presenti, nella storia della nostra specie, i progressi che siamo riusciti a conseguire grazie ad essa.

Sebbene i presocratici affermassero che l'osservazione fosse già scienza, vorrei ricordare a me stesso prima che al lettore, che non si tratta di un monopolio dei filosofi o degli scienziati, ma di una facoltà che ogni essere umano può esercitare con generosità, perché è proprio da quest'abitudine che nascono piccole e grandi svolte. Individuali e collettive.

I particolari parlano

Non è necessario rivolgere la propria attenzione a soggetti particolarmente significativi, ad eventi di un certo clamore, basta osservare qualsiasi cosa possa catturare anche un minimo del nostro interesse e poi costruire delle domande o dei ragionamenti. Un ottimo allenamento che favorisce la nostra azione educativa, rendendola viva, originale, abituando il nostro sguardo a posarsi su particolari che altri sottovalutano e che invece possono essere decisivi.

Per rendere chiaro il concetto e dimostrare i vantaggi di un approccio alla realtà educativa fondato sull'osservazione, avevo raccontato un episodio piuttosto minimalista, verificatosi in uno spazio esterno di casa mia.

Dovendo sistemare una pianta di fiori in un contenitore adeguato, mi ero avvicinato all'angolo della siepe dove conservo attrezzi e oggetti che uso nei lavori di giardinaggio. Mi servivano un vaso e il relativo sottovaso. Quest'ultimo però era indisponibile, essendo pieno zeppo di larve di formiche. Evidentemente era stato ritenuto idoneo a quello scopo dalle operose ospiti che mi fanno compagnia senza che, il più delle volte, me ne avveda.

La mia irruzione, sebbene inconsapevole, aveva messo in allarme le formiche che presidiavano l'estemporanea nursery. Dispiaciuto per il trambusto creato, mi ero allontanato lasciando ogni cosa al proprio posto. Speravo che, passato lo spavento, la vita in quell'angolo di giardino avrebbe ripreso il suo corso.

In realtà la mia fugace apparizione era stata registrata dalla piccola comunità come una minaccia, così dopo appena una diecina di minuti le larve erano sparite dal sottovaso, trasferite in un luogo più sicuro dagli insetti che vegliavano su di esse.

Una scena modesta, generalmente invisibile, di scarso significato se rapportata alle nostre umane vicissitudini, eppure collegata in modo insospettabile alla vita e al destino dei nostri figli, al loro comportamento nello scenario sociale e dunque digitale. Ora proviamo a svelare tali nessi, facendo seguire all'osservazione un semplice ragionamento. Innanzi tutto, le formiche sono tra le specie cooperative più evolute, un vero esempio nel mondo animale. La loro capacità di interagire in vista del raggiungimento di obiettivi comuni è proverbiale.

Una delle conseguenze di tale natura sociale è la considerevole durata della loro presenza sulla Terra, i cui esordi risalgono a circa quattrocento milioni di anni fa. L'inizio della razza umana è infinitamente più recente, non c'è nemmeno paragone, se decidessimo di convertire in giorni i milioni di anni trascorsi, potremmo dire che le formiche ci sono da un anno e noi da un paio di giorni.

Tuttavia, per quanto assai più "giovani" anche noi esseri umani siamo una specie cooperativa, di sicuro quella in assoluto più progredita, giacché la nostra struttura corporea ci rende più adatti delle formiche a mettere sotto governo l'ambiente, a disporne con maggiore facilità, al netto di tutti gli eccessi generati dalla nostra presenza, non sempre da portare ad esempio.

Come testimoniano le formiche, ma anche le termiti e le api, altri insetti cooperativi, e come dimostra la nostra evoluzione, la cooperazione tra gli individui è la via maestra di ogni progresso. Cooperare significa prendersi dei vantaggi che possono trasformarsi in opportunità notevoli.

Come il lettore può toccare con mano, questo ragionamento è partito da un'azione molto banale, la ricerca di un sottovaso, e ora siamo di fronte ad una prima conseguenza. Uno stile di vita cooperativo fa progredire i sistemi sociali e anche gli individui che ne fanno parte. Di sicuro gli esseri umani sono diventati una razza evoluta grazie alla scoperta dei vantaggi insiti nei comportamenti cooperativi.

Ma di conseguenze ce ne sono altre, quella fondamentale tocca da vicino noi educatori, e potremmo riassumerla come segue: se è vero che la nostra specie progredisce quando i suoi individui elevano il livello della cooperazione e se è vero che questo oramai è il nostro destino, perché non può esisterne uno diverso, dobbiamo concludere che un individuo è tanto più sano quanto più aderisce a tale logica.

Per essere ancora più precisi, un individuo che appartiene ad una specie cooperativa non può che seguirne la natura, coltivando la propria inclinazione sociale, in caso contrario la sua vita subirà turbolenze più o meno pesanti e il rapporto con i suoi simili peggiorerà. A questo punto il compito di ogni educatore appare chiaro e senza scappatoie, incoraggiare gli atteggiamenti pro-sociali e inibire quelli antisociali, in tutti gli ambiti in cui si sviluppa la vita dei ragazzi, quelli reali e quelli virtuali.

Questa è una sorta di premessa generale che *vale sempre*, in qualsiasi ambito si sviluppi l'esperienza di un individuo. I *social network* rappresentano oggi i principali recinti di vita sociale di interesse giovanile, può non piacerci ma le cose stanno esattamente così. Il comportamento che i ragazzi manifestano all'interno di tali contenitori è un'espressione delle loro inclinazioni profonde, non è nato in quello specifico spazio e in quella particolare circostanza, esisteva già, al massimo possiamo registrare qualche esasperazione, qualche accentuazione, ma la sostanza non dipende dal mezzo.

I modi in cui minori e adulti si rapporteranno ai loro simili all'interno delle relazioni virtuali saranno coerenti con quelli che manifestano in tutte le altre circostanze della loro vita, lo scarto che potrebbe percepirsi dovrebbe essere piuttosto limitato. Lo stile di vita di ognuno è "coerente", subisce variazioni modeste, sovente impercettibili, quale che sia l'ambito di applicazione, dunque non esiste un'educazione a compartimenti.

Questo principio vale anche nel caso dei social network, tuttavia abbiamo già fatto presente che uno dei fattori costitutivi dello stile di vita, l'ambiente, nell'universo digitale può risultare alquanto deformato. L'effetto straniante di una comunicazione "in solitaria" può aprire piccole crepe o grandi voragini, amplificando tratti che in altre circostanze si percepiscono meno distintamente, ma non sono i social network a inventare personalità nuove di zecca, semmai l'influenza disinibente che essi esercitano può cambiare, almeno in parte, le carte in tavola.

Misuratori infallibili

Prima di accingerci ad approfondire questo particolare, concludiamo la riflessione ricordando nuovamente che siamo arrivati fino a questo punto, partendo dall'osservazione di un gruppo di formiche che mettevano in salvo alcune migliaia di larve. Il loro piccolo sistema sociale si era sentito minacciato dalla mia involontaria incursione. Non ci siamo ispirati a un libro di scienze e neppure a un documentario, né abbiamo ascoltato il racconto, non verificabile, riportatoci da una persona estranea, ci siamo semplicemente limitati a "osservare" uno spaccato di vita nel giardino di casa.

L'osservazione è un'arma efficace, stimolante e soprattutto a portata di mano, ed è ancora più preziosa se vogliamo comprendere quali possono essere le influenze che l'interazione col digitale produce nella testa dei nostri ragazzi, l'importante è volgere lo sguardo dalla parte giusta, esattamente alla qualità della loro vita sociale.

La prova indiretta di come vanno le cose nella vita dei ragazzi la troviamo proprio nella qualità della loro presenza sociale. Se un figlio o una figlia rispettano gli impegni quotidiani e conducono una vita sociale equilibrata, dove gli altri non sono soltanto mere comparse, significa che non abbiamo nulla di cui preoccuparci. Ovviamente vi possono essere eccezioni, ma di norma questo filone non ci delude.

Se durante i colloqui scolastici gli insegnanti ci dicono che il nostro ragazzo tratta con serietà compagni e impegni, significa che siamo sulla buona strada e che non abbiamo bisogno di spiare nei loro oggetti digitali per sapere a che punto è la loro esistenza, perché quello che ci interessa sapere è già scritto nel loro comportamento sociale, nella qualità delle loro relazioni, nella loro capacità di rispettare il patto sottoscritto con i genitori e con la collettività.

Se il rendimento scolastico, al contrario, è costantemente pessimo, se l'impegno nello studio è quasi nullo, se l'interesse per i problemi degli altri è inesistente, se sono indifferenti di fronte alle grandi crisi che il mondo attraversa, se i rapporti di amicizia sono perennemente precari, forse dobbiamo porci qualche domanda, ma neppure in questo caso potremo dare la colpa alle ore passate sui social network piuttosto che davanti alla console, semmai dobbiamo chiederci la ragione per la quale il rapporto con quelle scatole sia diventato così totalizzante nella loro vita. In questi casi è anche probabile che la qualità alle conversazioni virtuali sia di segno negativo, come abbiamo detto è difficile che una ragazza oppure un ragazzo che si sentono tagliati fuori o in difficoltà nella vita reale, possano avere un atteggiamento costruttivo in Rete. Questo non accade mai, non può accadere, mancano i fondamenti perché si possa verificare.

Il nostro comportamento è coerente, in qualsiasi ambito e circostanza lo si valuti, bisogna solo aspettare il tempo necessario perché tale auto-similarità, rubo un termine alla geometria dei frattali, si manifesti. Nella vita di ognuno, il filo rosso che lega tutti i comportamenti non è così difficile da vedere. Dobbiamo solo osservare e aspettare.

Una donna è stata abbandonata dal marito a circa cinquant'anni. La loro attività economica declinava a vista d'occhio. Lei, che in passato lo aveva in qualche modo salvato da una situazione analoga, non serviva più, così la locusta si era spostata su un terreno più promettente, una nuova partner facoltosa. Nei mesi precedenti non aveva fatto trasparire alcunché delle proprie intenzioni, né si era preoccupato di dare eccessive spiegazioni alla consorte. Un giorno, erano seduti sul divano, lui annunciò, laconico: "Bene, domani me ne vado".

Un telegramma di quelli stringati, economici, per chiudere una storia lunga metà della propria vita.

Eppure, i prodromi di quel comportamento, improntato ad una certa indifferenza per il destino della moglie e, in genere, del prossimo, erano già evidenti, soprattutto in un episodio che certificava un preciso tratto caratteristico dello stile di vita del marito: "Quando decidemmo di vivere insieme, lui lasciò una casetta in campagna e si trasferì da me. Da anni aveva un gatto, ritenne che fosse scomodo portarselo, così prima di venire via lo abbandonò in un campo".

Qualche anno dopo avrebbe riservato alla moglie il medesimo trattamento.

Ci ostiniamo a ritenere casuali certi comportamenti, forse per comodità, in realtà l'assassino tende a ritornare sul luogo del delitto, ce lo ricordano gli autori di libri gialli ma nelle pieghe dello stile di vita tale inclinazione è scritta da sempre.

11

Un ambiente deformato

Per continuare la riflessione avviata nel precedente capitolo, è necessario osservare più da vicino, fino a guardarlo negli occhi, anche il nostro presunto nemico, che in realtà conosciamo sommariamente e non di rado in maniera indiretta, per sentito dire.

Già che ci siamo, mettiamo in evidenza che in particolare sui social network molto accade per "sentito dire". Quando si comincia una discussione le fonti originali sono presto inghiottite da spessi banchi di nebbia, così si finisce per rimasticare materiale di seconda mano, di terza e così via, un fuoco nemmeno lontano parente della scintilla che l'aveva innescato.

Dev'essere successo qualcosa di simile con i poemi omerici, tanto che nessuno oggi è in grado di stabilire come stanno davvero le cose a proposito della loro origine e della loro composizione, per non parlare dell'autore e degli autori, fantasmi di cui gli studiosi cercano tracce vanamente. L'unica differenza è che nel caso di queste creazioni dell'intelletto, il processo è andato avanti con lentezza, può darsi ci siano voluti secoli prima di mettere insieme quei meravigliosi canti che studiamo da quando siamo poco più che bambini. Su quei capolavori si sono cimentati studiosi di notevole livello, come Milman Parry e il suo allievo Albert Lord, eppure, malgrado questo spiegamento di forze, di certezze ve ne sono ben poche ed è alquanto dubbio che la situazione potrà mutare in futuro, al netto di clamorose scoperte, di quelle che all'improvviso gettano lampi di luce sul passato remoto.

Se la ricerca sull'Iliade e sull'Odissea appare faticosa e non sempre prodiga di risultati, se gli sforzi prodotti per avere qualche indizio su chi di quelle opere può considerarsi l'autore, il dibattito sui social è persino più complicato, perché qui entrano in gioco una quantità di emozioni che difficilmente vediamo mobilitarsi in altri ambiti. Non solo, nei confronti virtuali che prendono corpo su queste piattaforme, è possibile dire tutto ciò che si vuole, senza che il più delle volte qualcuno avverta il dovere di giustificare ciò che afferma.

L'ambiente dei social network si colloca all'estremo opposto rispetto al punto dove siamo abituati a sistemare la scienza, all'interno della quale qualsiasi affermazione deve essere giustificata e bisogna costantemente dare conto di ciò che si racconta, usando un linguaggio che abbia esso stesso un certo rigore.

Sui social non sono necessari argomenti a supporto delle proprie tesi, se a qualcuno viene in mente che i vaccini fanno male, è inutile ricordargli che alle elementari due bambini della mia classe e diversi nostri amici erano poliomielitici, fenomeno che toccava una bella fetta della mia generazione, che abbondava di portieri: nelle interminabili partite di calcio nel quartiere, in porta ci andavano infatti, per necessità, i bambini poliomielitici, che abbondavano. Da quando è stato messo a punto e distribuito il vaccino i casi sono azzerati in tutto il mondo e si fatica a trovareportieri per le partitelle. Una carenza che somiglia molto a una benedizione.

Da una parte, dunque, il rigore e l'obbligo di "spiegare", dall'altra la libera manifestazione di quello che passa attraverso le emozioni. L'opinione, fondata o meno che sia, viene spesso difesa solo perché è la nostra opinione. Ovvio che in un contesto del genere, non esiste neppure l'obbligo della verità, anzi questa è diventata un fastidio da cui liberarsi prima possibile. Oggi camminiamo sul terreno assai sdrucciolevole della *post-verità*, del dopo verità, una falsificazione cosciente dei fatti oggettivi, che il web accetta come se fosse la cosa più naturale di questo mondo, aprendo le porte a una legittimazione rovinosa dei comportamenti manipolatori.

Presumere di loro

Di fronte a me ci sono alcune centinaia di ragazzi di un liceo. Mi sono recato in un bellissimo capoluogo del Meridione per una serie di confronti con degli studenti che frequentano diverse scuole superiori della città.

Parlare coi ragazzi è un'attività molto piacevole, qualche volta faticosa, mai deludente. Dipende dal dosaggio degli ingredienti che si attivano in talune particolari circostanze e magari dalle paturnie dei presenti, relatore compreso. Quando si entra in una scuola non si arriva in un ambiente "vergine", ognuno dei presenti è reduce da una giornata che può essere stata attraversata da mille tensioni, situazioni familiari critiche, storie sentimentali che vacillano, conflitti con amici, malesseri nei rapporti coi professori, cattivo rendimento scolastico con relative materie da recuperare, soprattutto nei periodi "caldi" dell'anno. Dunque, la situazione che il relatore si trova a fronteggiare può essere lontana da quella auspicata dal medesimo, il quale arriva invece da un percorso differente, all'interno del quale l'impegno più gravoso della sua giornata potrebbe essere stato quello di bere un cappuccino e aspettare l'incontro con gli studenti passeggiando per le vie del centro cittadino.

Se non si tiene conto di tale possibile asimmetria, parlare con un gruppo di studenti può diventare una lotteria o un esercizio del tutto inutile. È compito dei relatori, sono pagati anche per quello, superare le barriere. Di sicuro può essere un'arma a doppio taglio. Se funziona si torna a casa pieni di apprendimenti, spesso interessanti, e con la speranza di avere seminato qualcosa di utile. Se non funziona si rischia di vedere sprofondare il proprio livello di autostima fino alle caviglie, giacché il potere di farci sembrare inadatti è unico in loro.

Ad ogni modo, se si vuole evitare di ripiegare con le pive nel sacco, è prudente riporre nella bisaccia la sottile convinzione che ci pervade quando interagiamo con dei ragazzi, ossia di saperla più lunga dei nostri interlocutori, magari incoraggiati, a sproposito, dal fatto di essere nati molto prima, perché il passo dalla presunzione di essere vecchi saggi alla delusione di essere solo vecchi è lungo quanto quello di una formica con la sciatica.

Una pretesa cronologico-anagrafica, di cui abbiamo già detto, non sempre fondata, qualche volta ingenua o addirittura irragionevole, quasi sempre foriera di gravi incomprensioni che dilatano la distanza che sembra separarci dalle giovani generazioni, spesso non dovuta alle loro prese di posizione e neppure a particolari trasgressioni, semmai a pregiudizi come quello appena descritto. In realtà non è poi così difficile smontare convinzioni tanto maldestre, sarebbe sufficiente volerlo, anzi, come abbiamo già avuto modo di ripetere, basterebbe guardarsi intorno con occhi meno distratti, limite che può toccare tutti noi adulti, anche chi tenderebbe a sentirsi meno esposto a simili scivoloni, sottoscritto incluso.

Ogni anno nella cittadina dove abito vengono ricordati i "cinque martiri", giovani vittime di una rappresaglia nazi-fascista, che ebbe luogo negli ultimi mesi della Seconda guerra mondiale. Abito qui da decenni e, sebbene non sia privo di sensibilità verso i valori della Resistenza, non mi ero mai soffermato sulla stele loro dedicata. La davo per scontata, se ne parlava e tanto era sufficiente, dunque la guardavo da lontano, tutte le volte che mi accadeva di passare da quelle parti, una bella strada che conduce verso il fiume, incorporando i cinque martiri, tutti insieme, nel medesimo pensiero. Quasi fossero una sola persona. La condensazione, che talvolta significa anche anonimato, è il destino che subiscono le persone meritevoli di ricordo, quando vengono commemorate in gruppo, si trasformano in una sorta di super-individuo che assomma in sé tanti soggetti, e dunque rifulge della forza di ognuno di essi, perdendo però i codici specifici di ogni singolo componente.

Non saprei per quale strana ragione, ma col tempo si era fissata dentro di me l'idea che fossero dei giovani vicini ai trent'anni, forse perché quando mi accadeva di ascoltare la commemorazione annuale non si faceva caso a questo aspetto, non si diceva mai quanti anni avessero, giacché il senso della cerimonia andava più nella direzione di richiamare l'attenzione sul crimine di cui erano stati vittime e sul loro sacrificio.

Poi, un giorno, qualcosa deve avermi spinto a saperne di più e mi sono avvicinato alla stele, constatando, con somma sorpresa, che si trattava di cinque ragazzini, il più giovane aveva 21 anni, il più vecchio 25. L'età media del gruppo era di 22 anni. Oggi sarebbero tutti impegnati negli studi universitari oppure alle prime esperienze di lavoro, magari risucchiati in uno di quegli stage, sempre più lunghi, a poche centinaia di euro al mese, sarebbero insomma come "i nostri ragazzi".

Eppure, è anche a loro che debbo il piacere di essere libero nel luogo in cui vivo, piacere che condivido con i miei concittadini e con milioni di connazionali.

Camaleonti per paura

In genere i ragazzi sono dotati di una profonda onestà intellettuale, che comincerà ad essere intaccata solo quando i collaudi sociali si faranno più impegnativi e si troveranno di fronte agli inevitabili esercizi di sopravvivenza. Si tratta della stessa onestà che li renderà apparentemente alieni a chi è fuori dalla cerchia. Sottolineo l'avverbio "apparentemente" giacché non sempre le percezioni di noi adulti sono da prendere per oro colato. Troppo spesso ignoriamo gli scenari in cui sono immersi e le frustrazioni che ricevono a getto continuo, responsabili di certi stati d'animo che erroneamente interpretiamo come forme di ostilità nei nostri confronti. Anche madri e padri piuttosto evoluti tendono a cadere in questo errore, ad esempio mostrando disappunto quando i figli stentano a precisare vocazioni e percorsi scolastici, dimenticando che tali questioni, nella testa dei ragazzi, sono sopravanzate da pensieri ed eventi che la loro soggettività valuta come emergenze. Questioni afferenti al loro valore personale.

“Non parlavo mai, ero timido, temevo di essere deriso se mi fossi azzardato a esprimere le mie idee. A un certo punto mi sono messo ad assumere delle posizioni finte, creando dentro di me dei personaggi che usavo nelle varie circostanze. Alle fine non sapevo più chi ero né, soprattutto, cosa fare nella realtà di tutti i giorni. Quando recitavo finivo per stare male, mi prendeva un nodo allo stomaco, così sono tornato a essere me stesso con tutta l’insicurezza e la timidezza di prima”. Questo sedicenne non mette esattamente al primo posto le questioni della scuola e del futuro, così importanti per i suoi genitori. Adesso ci sono da scalare altre montagne.

Tuttavia, proprio perché i ragazzi non sono disponibili a concedere fiducia sulla parola, è meglio rispettare alcune regole basilari, se vogliamo perlomeno invocare il diritto di essere ascoltati con il rispetto che pretendiamo a prescindere, quasi fosse un diritto a senso unico. Non è neppure male, quando ci confrontiamo coi giovani, l’idea di mettere al bando tutte le teorie che girano su di loro, elaborate e scritte dagli adulti, in genere per tenere a bada le loro ansie più che immedesimarsi in quelle dei ragazzi, che proprio fessi non sono e capiscono bene la differenza tra esperienza concreta e infarinature libresche, traendone le debite conseguenze.

Quando mi confronto con dei cittadini su argomenti che riguardano bambini e ragazzi, mi preoccupo sempre di premettere che i diretti interessati sono assenti, e che se vogliamo conservare il privilegio di parlare di loro dobbiamo perlomeno cercare di saperne sempre di più.

Ma torniamo nell’auditorium che avevamo lasciato per questa digressione. Come spesso accade, anche nel caso degli studenti della scuola citata all’inizio del capitolo, diverse domande toccavano il nervo scoperto dei social network. Una ragazza aveva esordito chiedendomi come mai le persone sembrano così diverse quando comunicano attraverso i social, facendo affermazioni che viso a viso non farebbero mai. “Talvolta, mi trovo disorientata da alcuni comportamenti dei miei amici, mi sembra quasi di non riconoscerli, ma io stessa sperimento una certa sensazione di estraneità nei miei confronti quando devo esprimere delle opinioni attraverso un oggetto digitale, sembra che qualcosa mi prenda la mano”.

Ora, per quanto possa sembrare semplicistico e riduttivo, il problema nodale della questione è proprio quello evocato dalla ragazza, ossia l’effetto deformante, provocato dalla comunicazione a distanza, nel comportamento dei soggetti coinvolti, non solo nei giovani. Approfondiremo la questione nel prossimo capitolo.

12

Un'aggressione in piena regola alla nostra natura

"Guardami negli occhi!", intimava la mamma al bambino sospettato di avere fatto una marachella o di avere raccontato una bugia. Una macchina della verità assai migliore di quella supertecnologica.

Una specie cooperativa com'è la nostra, si è costruita su un modello di interazione prettamente "fisico", dal momento che non c'erano possibilità diverse di comunicazione. Dunque, per scambiarsi delle opinioni era necessaria la presenza simultanea dei soggetti nello stesso spazio, una circostanza capace di creare piani di comunicazione molteplici. Come oramai sanno anche le formiche, che abbiamo evocato nelle pagine precedenti, la comunicazione tra individui si muove solo in minima parte sul canale verbale, tutto il resto, che non è marginale ma rappresenta la quasi totalità dello scambio, utilizza altre strade, a cominciare dalle nostre espressioni facciali e dalle posture del nostro corpo. Basterebbe questo a farci comprendere che la comunicazione attraverso i social sia solo una caricatura di quella che gli esseri umani conoscono e adottano da milioni di anni, uno scalpello a cui dobbiamo il modo in cui sono fatti gli individui e le istituzioni sociali. Per essere chiari, se avessimo comunicato sin dalle origini nello stesso modo in cui si comunica attraverso i social network, saremmo diventati una specie completamente diversa da come siamo oggi, non saprei se peggiore o migliore, di sicuro radicalmente diversa. Nel saggio, che possiamo considerare un classico, *Il corpo e il suo linguaggio*, lo psicologo sociale americano, nonché accademico, Michael Argyle, quasi mezzo secolo fa, non lasciava spazi a dubbi su quanto si diceva sopra. Basterebbe questa mezza dozzina di parole, che fanno mostra di sé nella prefazione del volume, per non lasciare scampo a chi si illude vi possano essere scappatoie: "L'uso corretto della comunicazione non verbale (CNV) è una parte essenziale della capacità sociale e di specifiche competenze sociali: i pazienti affetti da patologie mentali sono, di solito, carenti in questo campo". Ci sarebbe insomma una relazione diretta tra malattie mentali e incapacità di parlare attraverso il corpo, rovesciando la direzione di marcia, dobbiamo chiederci cosa succede alla lunga quando non esercitiamo questo tipo di scambio coi nostri simili. Può darsi non ci ammaleremo, di sicuro non faremo grandi progressi, sia sul piano individuale sia sul piano sociale. Diamo ancora la parola allo studioso statunitense: "Di solito il comportamento verbale consiste nell'uso del discorso, ma a volte anche di cose scritte, o di gesti che stanno al posto di lettere e parole. Il discorso è tuttavia sostenuto da un'intricata trama di segnali non verbali, che forniscono illustrazioni e informazioni di ritorno (feedback) che sono giovamento alla sincronizzazione".

Non è questo che succede quando ci parliamo attraverso uno strumento tecnologico, che diventa come una monorotaia che ci conduce su una strada quasi obbligata. Non ci sono sopraelevate o biforcazioni, non ci sono finestre e neppure panorami, ma è il nostro mondo interiore, isolato dall'ambiente esterno, che risponde ad altri mondi interiori posti nelle medesime condizioni di solitudine, uno stato innaturale in cui non spuntano gemme, non sbocciano fiori, non maturano frutti.

Se siamo angosciati perché temiamo di avere una malattia piuttosto grave, potremo tranquillamente comunicare attraverso la posta elettronica con amici e collaboratori senza che alcuno si accorga di nulla e ci porti il balsamo della compartecipazione.

In fondo, potremmo pensare, non c'è nulla di male. Tuttavia, potrebbero verificarsi una serie di effetti collaterali, a cominciare, tanto per non rimanere nel vago, dal fatto che nessuno dei nostri interlocutori potrà sperimentare sentimenti di solidarietà nei nostri confronti, e noi non potremo goderne né provare riconoscenza.

Legami che non legano

In una situazione di tale genere non possono strutturarsi legami solidi perché mancano le colle che li tengono insieme, non solo, ma tenderanno a cadere i filtri che proprio la presenza fisica dell'altro tiene allertati, per cui non avremo più una comunicazione "socializzata", ossia scolpita dalla necessità di rispettare la sensibilità e lo spazio altrui. In parole povere, il risultato di un'interazione virtuale è che la nostra natura profonda, finirà per subire degli sfasamenti, più o meno accentuati, quando non delle vere e proprie deformazioni. Di sicuro, si offuscheranno quelle antenne che ci permettono di avvertire ciò che accade nel mondo interiore degli altri, dunque non ci potranno essere spostamenti reali nella distanza che ci separa da essi. Ci sarà uno spazio standard, fisso, valido in tutte le relazioni e, sul tempo lungo, questo porterà a delle mutazioni nell'identità degli individui e della stessa specie. Eccolo il meteorite di cui si parlava, potente quanto quello che si è portato via i dinosauri.

Potremmo impiantare un paragone con le azioni belliche che si svolgono attraverso l'uso dei droni, dove chi spara un missile, magari su un mercato, una piazza, una scuola, è un operatore comodamente seduto in un luogo confortevole e protetto, che non sente scorrere la vita delle persone a cui sta per derubarla, magari per obbedire a ordini ai quali non gli è stato facile sottrarsi. Un tragico videogioco dove l'azione e i suoi effetti risultano attutiti, diminuiti in tutte quelle qualità che permettono di distinguere un oggetto da un essere vivente.

Stare lontano significa in qualche modo disumanizzare l'altro, che è poi il modo migliore per ripararsi dal senso di colpa per il male che gli stiamo infliggendo, è la stessa operazione che compirono i gerarchi nazisti quando decisero di eliminare gli ebrei, etichettandoli con epiteti che diminuivano la loro dignità e rendeva quasi auspicabile la loro soppressione. Un insigne oncologo italiano, Umberto Veronesi, vegetariano, a cui le donne debbono molto, riteneva che l'unico modo per educare i bambini al rispetto delle altre specie viventi, fosse quello di portarli nei macelli, perché solo così avrebbero potuto capire la tragedia che si nasconde dietro le nostre abitudini alimentari. Drastico, direbbe qualcuno, ma indubitabilmente efficace.

Un conto è raccontare a un bambino che la carne di cui si nutre è frutto di uccisioni di animali, un conto è mostrargli concretamente cosa significa per la dignità e la vita delle altre creature essere uccise, spesso dopo sofferenze inenarrabili. Uno scenario del tutto diverso. Quello virtuale è decisamente più sopportabile.

La ragazza, che si era alzata in piedi nell'auditorium del liceo all'interno del quale abbiamo messo piede nel capitolo precedente, sembrava piuttosto sveglia, precisa nella sua richiesta. Proprio per non cadere nel banale, perdendo un'occasione preziosa per tentare di fare un piccolo passo avanti, invece di articolare una risposta condita di riferimenti teorici, l'avevo affrontata con un paradosso, chiedendole di darmi dello stupido, proprio in quel momento e davanti a tutti. "Non posso farlo, sia perché non lo penso sia perché, anche se lo pensassi, mi vergognerei di dirglielo qui davanti a tutti, di sicuro arrossirei", era stata la sua risposta.

Le avevo chiesto di immaginare che la nostra conversazione stesse avvenendo attraverso un social network, rinnovandole l'invito a darmi dello stupido. La risposta, stavolta, era diventata più possibilista. "Ammetto che avrei meno problemi a etichettarla, forse potrei cedere alla tentazione anche se non lo pensassi, ma soprattutto mi vergognerei molto meno o addirittura per nulla".

Come si diceva poc'anzi, la questione sul tappeto, che certo non possiamo ridurre a un solo aspetto, trova in questa spinta alla disinibizione, favorita dagli oggetti digitali, una base di partenza fondamentale e da qui sviluppa molte di quelle conseguenze che deformano i processi interattivi tra ragazzi e inquietano gli adulti, facendoli spesso sentire spettatori estranei e impotenti.

Le fortune della specie cui apparteniamo sono appoggiate sulla nostra natura sociale, come abbiamo cercato di evidenziare in precedenza, prendendo spunto da un episodio minore, quelle larve di formiche messe frettolosamente in salvo da un esercito di loro simili. Tuttavia, questa nostra inclinazione è nata e si è sviluppata da relazioni di vicinanza, un argomento che ritroveremo per strada, perché è semplicemente impossibile farsi un'idea delle mutazioni tecnologiche, dunque culturali, in corso se non abbiamo chiaro da che cosa ci stiamo allontanando.

Proprio in forza di questo stato di cose, se vogliamo cominciare a darci conto della vertiginosa accelerazione indotta dall'uso degli strumenti digitali, non possiamo a nostra volta accelerare, ma imboccare la strada contromano con passo da tartaruga, tornando a ragionare. Una svolta all'incontrario, certo, ma assolutamente necessaria, perché la digitalizzazione della realtà, che non è il demonio ma che all'inizio abbiamo accettato piuttosto passivamente per la sua indubbia comodità, salvo poi chiedere aiuto, ci fa dimenticare proprio quello che dicevamo nelle pagine precedenti, ossia che andare veloce solo per il gusto di correre si rivela quasi sempre una sciagura.

Il primato degli istinti

Proprio in quest'istante, grazie a un sincronismo casuale, mentre scrivo queste righe, sono attratto dalle urla provenienti dalla strada che passa davanti al cancello di casa mia, mi precipito fuori, imbattendomi in una scena tipica delle nostre giornate. Il conducente di un furgoncino sta insolentendo un uomo di circa settant'anni che, forse per un comprensibile impaccio, aveva fatto spegnere la propria auto, rimanendo bloccato e creando difficoltà alla circolazione.

Niente di serio, questione di qualche minuto, eppure in questo tempuscolo si è scatenata un'aggressività sproporzionata rispetto alla circostanza. Il nostro cervello rettile è andato in escandescenza con la complicità della fretta, insieme possono combinarne più di tutti i colori.

La velocità favorisce le risposte istintive o al massimo preconfezionate, che rappresentano la negazione radicale di ogni intenzione educativa.

Nella considerazione della giovane studentessa ci sono già tutti gli ingredienti per provare a trovarsi, ognuno per conto proprio, una pista da seguire. Naturalmente la questione, meglio ripeterlo, non è tutta qui e soprattutto non è tutta negativa, come noi adulti siamo inclini a pensare da quando il mondo delle relazioni è cambiato in maniera così sfacciata, non solo nella vita dei minori, trovandoci impreparati e più diffidenti che mai.

Due ingredienti, impreparazione e diffidenza, che renderebbero aspra qualsiasi impresa, figurarsi quella di migliorare i rapporti tra adulti e ragazzi.

Prima di addentrarci in una riflessione che abbia un qualche grado di utilità, teniamo bene a mente che indietro non si torna, la velocità potrà solo incrementarsi e la comunicazione farsi sempre più sofisticata, proiettando effetti sconosciuti sui paesaggi interiori dei ragazzi, che poi diventeranno, a loro volta, genitori.

Non solo, ciò che è cambiato è sorprendentemente vasto, una vera rivoluzione, la stessa che aveva investito la Fisica quando la meccanica quantistica aveva reso quella deterministica un vecchio ferro da stiro.

La meccanica quantistica aveva rappresentato un salto concettuale sconvolgente, che tuttavia è responsabile di straordinari progressi verificatisi nella vita di tutti noi. Questo però è potuto accadere perché quella rivoluzione non è stata assunta come una religione indiscutibile, ma come una serie di affermazioni corroborate da ragionamenti, ricerche, prove sperimentali, applicazioni pratiche i cui risultati sono sotto gli occhi. La stessa era digitale non sarebbe mai iniziata se non vi fosse stata alla radice la meccanica quantistica.

Dunque, riepilogando, la digitalizzazione del pianeta, cioè delle nostre vite e di quelle dei nostri figli, porta come prima conseguenza un diverso modo di comunicare. Se questo è giusto oppure sbagliato, potremo valutarlo, come al solito, solo di caso in caso e non in maniera sociologica o definitiva, perché il lavoro educativo non si presta alle generalizzazioni.

Tornando ai quesiti sollevati dalla liceale di prima, nel corso del nostro confronto, l'osservazione più rilevante riguarda l'esistenza di un "gradino" tra la comunicazione viso a viso e quella mediata da oggetti digitali.

C'è una spiegazione piuttosto evidente, ce l'avevano insegnato le formiche del capitolo precedente. Se quegli insetti si fossero messi a formare un gruppo di discussione su un microscopico social network, per decidere sul da farsi, invece di precipitarsi a salvare la loro discendenza, avrei dovuto comprare un sottovaso nuovo.

Forse, se al mio posto vi fosse stato qualche ruvido giardiniere privo di sensibilità verso gli animali, quelle larve sarebbero diventate cibo per altri insetti, sebbene, conoscendo la devozione delle formiche, non mi sento di escludere che le avrebbero cercate ad una ad una, contendendole anche a nemici molto risoluti.

Noi e le formiche ci somigliamo molto, siamo specie cooperative. Non è casuale che uno dei più grandi biologi ed esperti di biodiversità, Edward Wilson, prima di occuparsi degli umani, abbia passato diversi anni a studiare l'organizzazione sociale delle formiche, imparando molto anche sulla nostra specie. La *mirmecologia* è una branca dell'entomologia che si occupa proprio delle formiche, ma a Wilson non interessavano solo queste, la sua attenzione era rivolta anche ad altre specie di insetti dall'organizzazione sociale più spiccata, come le termiti e le api.

Tuttavia, se proprio vogliamo aggiungere una notazione, potremmo ricordare che la nostra specie ci è in qualche modo "sfuggita di mano", non ci siamo accontentati infatti di cooperare, come formiche, ma abbiamo inventato bisogni che scaturiscono dal desiderio di essere riconosciuti e considerati. Così sulle spalle della cooperazione si sono issate prima la compartecipazione, la capacità di sentire il mondo interiore dell'altro e sentirlo vicino, e poi l'affettività, la sublime inclinazione a scambiare emozioni e sentimenti, a creare in definitiva quei legami che tanto contribuiscono a fare camminare gli esseri umani verso mete sempre più elevate.

Siamo dunque una specie cooperativa, come gli insetti appena citati, ma abbiamo camminato assai più di loro, in un percorso che sembra essere solo all'inizio e che dovrebbe portarci molto lontano.

Tutto ciò che interferisce o mina questa vocazione, dev'essere osservato da vicino. Senza pregiudizi, ma con la massima attenzione. La comunicazione attraverso i social network, almeno in questo senso, si colloca tra i fenomeni che, in mancanza di accompagnamenti consapevoli, sia sul versante legislativo sia su quello pedagogico, possono spostare i membri della nostra specie dai cardini che li tengono ancorati alle interazioni materiali dalle quali discendono le specificità degli esseri umani. Se è vero che indietro non si torna è altrettanto vero che se una modalità di comunicazione virtuale non accende negli interlocutori una struggente nostalgia per la realtà, allora in qualcosa abbiamo sbagliato.

13

Quanto contano gli oggetti digitali

Abbiamo appena mosso i primi passi su un terreno piuttosto promettente, accennando ai cambiamenti che potrebbe ingenerare il digitale nella cifra stessa della nostra umanità. Piccole e grandi mutazioni di cui si colgono segni sempre più evidenti.

A questo punto, però, prima di scivolare a nostra volta sulla buccia di banana del pregiudizio, che al tempo del digitale si chiama *bias*, sarà bene tornare sulla strada, ossia nel regno della concretezza, e guardarci intorno.

Anche in questo caso evitiamo le iperboli, rimanendo sul piano della quotidianità, facile da raggiungere ma anche piuttosto esplicativo, poiché ci offre la possibilità di misurare fino a dove può insinuarsi una mutazione e quali influenze essa è in grado di esercitare sulle relazioni umane.

Nel racconto che segue abbiamo la possibilità di immergerci in un simpatico quanto involontario esperimento, che tuttavia lascia aperti spiragli di ottimismo, giacché rimette in gioco il nostro ruolo nel governo del fenomeno digitale e, in qualche modo, ristabilisce il primato della volontà della persona sulla cieca perfezione della macchina. In questo caso non si parla direttamente di social network, ma di internet e delle macchine che ospitano tali piattaforme, senza le quali i primi non potrebbero esistere, anzi, non sarebbero nemmeno nati.

Nelle due piccole vicende narrate, ci sono quasi tutti i crismi di una sorta di involontario esperimento scientifico, dove addirittura uno dei personaggi recita, suo malgrado, il ruolo del gruppo sperimentale mentre l'altro, sempre suo malgrado fa le veci del gruppo di controllo. Alla fine, vedremo di trarre alcune istruttive considerazioni.

Il viaggio in treno era appena all'inizio, sarebbe durato circa quattro ore mezza, salvo imprevisti. Ritornavo a casa, da una città sull'Adriatico dove mi ero recato per tenere un ciclo di conferenze. All'andata avevo viaggiato in aereo, un volo breve, molto tranquillo, nemmeno il tempo di slacciarsi le cinture di sicurezza che già era il momento di riallacciarle, mentre al ritorno avevo optato per il treno.

Non c'era tanta gente nella carrozza, il periodo non coincideva con scadenze di grande traffico. Di fronte a me sedeva solo un signore, piuttosto anziano, dimesso, quasi completamente *privo di denti*. Mi guardava, come per attaccare bottone, corrispondevo come potevo, la mia attenzione era assorbita dal mare. L'Adriatico in autunno è ricco di sfumature che piegano l'azzurro pallido verso il grigio, osservarlo può essere molto rilassante, soprattutto per chi vive in una regione priva di mare.

Intanto l'uomo aveva tirato fuori un mazzo di carte da scopa e guardava con sempre maggiore insistenza verso di me. In altre circostanze sarei già stato impegnato col mio portatile, a scrivere qualche testo o a leggere i giornali on line. Quella volta, però, il mio portatile era rimasto a casa. Evento raro, in genere mi accompagna, come un cagnolino fedele, utilissimo a riempire i tempi morti. Ma non l'avevo tradito intenzionalmente, c'era una ragione precisa che giustificava quell'assenza. Nel 2013, in albergo, qualcuno si era introdotto nella nostra camera, trafugando il mio computer e il Tablet di mia moglie.

Il tempo passa, tre anni dopo torno nella medesima città. Mi prenotano lo stesso albergo, cosa che non mi spiace, essendomi trovato molto bene, furto a parte, ma stavolta divento più prudente e decido di lasciare a casa il device, per metterlo al riparo. Ecco perché durante quel viaggio di ritorno, sto contemplando l'Adriatico, mentre il mio dirimpettaio si affanna in un solitario con le carte e mi lancia qualche occhiata speranzosa.

Dopo l'ennesimo invito silenzioso da parte del mio compagno di viaggio, rompo gli indugi e gli chiedo, come forma di cortesia, se sta facendo un solitario. Ma lui, che non aspettava altro, allarga le braccia, si chiude nelle spalle e fa un'espressione inequivocabile, come se volesse dire: "Per forza, qui nessuno vuole giocare con me!". A quel punto sarebbero crollate anche le mura di Gerico.

Fu così che iniziò una delle più lunghe, e rovinose, partite della mia sporadica carriera di giocatore di scopa. Decine di partite, non di mani, di partite, per la maggior parte dominate dal mio avversario, eppure da anni non mi divertivo così, anche l'altro si divertiva un mondo, salvo quando perdeva o quando io prendevo il settebello, circostanza questa che gli spiaceva particolarmente. Il viaggio accelerava, passava veloce, anzi più perdevo più mi sentivo bene e non mi accorgevo delle stazioni che scorrevano, non mi importava più dell'Adriatico, che intanto avevamo perso di vista. Il treno si era inoltrato verso le fertili distese della Romagna e puntava verso Bologna, da lì sarebbe iniziata l'ultima corsa verso Milano. Le partite si susseguivano, lui mostrava segni di stanchezze e io approfittavo per accorciare le distanze, il settebello cominciava a sorridermi, tanto da indurre il mio compagno di scopa a gettare le carte lamentandosi per la mia "fortuna sfacciata".

Poco prima dell'arrivo, altezza di Lambrate, ci presentiamo.

"Vi ringrazio per la lezione, ma non mi avete ancora detto il vostro nome".

"Mi chiamo Pasquale, ho "*Novandotto* anni".", proprio così aveva detto, *novandotto*, ma non ero convinto, così avevo osato di più, cercando altri indizi. "Piacere, io sono Domenico. Complimenti per i vostri anni, mi chiedevo quando siete nato esattamente".

"Il quindici maggio del 1918, a Barletta, ci sono stato a trovare i miei parenti. Abito a Milano da tanto tempo".

Effetto Pasquale

Aveva davvero quasi un secolo, mi dava del voi e io mi adeguavo. Ci siamo salutati sul marciapiede della Centrale, sempre col voi, e io sono stato assalito da una nostalgia che non provavo da tempo. Mi aveva sfiorato il rappresentante di un'umanità "precedente" ma quello che più contava era il fatto che le ore passate insieme a quell'uomo mi avevano sottratto alla noia di un viaggio che forse avrei trascorso ad aspettarne impaziente la fine. Tempo perso, sarebbe stato, invece Pasquale, nome antico che evoca suggestioni datate, mi aveva restituito il piacere di sensazioni che sento sfuggire, consapevole che quando le avrò perse del tutto mi sarò trasformato in qualcosa che somiglierà assai meno all'originale.

Avevo battezzato tutte le riflessioni e le conseguenze, che erano e sarebbero scaturite da quella lunghissima partita a carte, "Effetto Pasquale".

Se avessi avuto con me il computer, non sarebbe successo, saremmo state due persone sole, in viaggio, non avremmo stabilito alcun legame, non avrei trovato un amico. Saremmo scesi da quel treno esattamente come vi eravamo saliti, solo più vecchi di qualche ora.

Mentre il mio nuovo amico Pasquale era tutto preso con il suo solitario, gli avevo scattato una foto con lo smartphone, a tradimento, senza chiedergli il permesso, sentivo che mi sarebbe sfuggito presto dalle dita, come la sabbia fine che vanamente cerchiamo di trattenere, e non me lo potevo permettere. Volevo raccontare di lui ai miei figli, parlare loro del nostro incontro, delle intense partite a scopa. La foto mi avrebbe aiutato a rendere l'idea.

Ogni tanto guardo quell'immagine e sorrido, penso che se è ancora tra noi, Pasquale compirà 100 anni proprio mentre scrivo del nostro incontro. Mi viene da pensare che potrei cercarlo, proprio attraverso i social network, facendomi aiutare da un utente esperto e sperando che un parente possa intercettare il mio messaggio, ma perderei la nostalgia, un altro dei sentimenti che abbiamo consegnato all'oblio, giacché tutto può essere sotto i nostri occhi in qualsiasi momento. La nostalgia ci permette di tenere aperti immagini e ricordi, "lavorarli", impastarli, guardarli da una distanza insolita, come accade agli astronauti delle stazioni spaziali, che guardano il nostro pianeta da alcune centinaia di chilometri, possono vederne i confini ma non sono in condizione di toccarlo.

Se non ci fosse stata la nostalgia, mi sarei dimenticato in fretta di Pasquale e non mi sarei potuto interrogare sul significato di quel viaggio e sul piacere, impagabile, di scoprire un mio simile, sconosciuto fino ad allora ma adesso parte dei miei sentimenti. Il vissuto che i lettori avranno di Pasquale sarà molto diverso di quello registrato dentro di me. Vedere da vicino una persona, guardarla negli occhi, stringerle la mano, chiacchierarci, giocarci a scopa, registrare le sue reazioni e le mille sfumature del carattere, non è come sentire il racconto di qualcuno che l'ha conosciuto direttamente. Un racconto è solo il tentativo arbitrario di ricostruire ciò che abbiamo visto, una mediazione, ma in ogni caso esiste la certezza che perlomeno il narratore sia stato testimone oculare. Nel suk dei social network, invece, la filiera dell'origine delle cose è molto più vaga, troppo vaga.

L'amica sconosciuta

Quindici giorni dopo la fine di quel viaggio, il tavolo si è ribaltato, radicalmente. Mi ero messo di nuovo in marcia alla volta della stessa destinazione, per concludere il mio lavoro. Avendo constatato che l'albergo si era munito di sistemi di sicurezza, il computer me l'ero portato. Stavolta avevo deciso di fare anche il viaggio di andata in treno. Chissà, forse speravo di incontrare di nuovo quel vecchietto e prendermi la rivincita a scopa.

Anche in quest'occasione c'era poca gente, almeno nella carrozza dove mi era stato assegnato il posto. Di fronte a me era seduta una donna, tra i settantacinque e gli ottanta, poteva essere una cugina di Pasquale. Stava recitando il Rosario, non mi sembrava il caso di condividere, così mi sono messo in attesa, paziente.

Ci stavo prendendo la mano con gli anziani, oramai sapevo come fare, ma in realtà rappresentano una vecchia passione, forse perché non avevo potuto vedere mio padre invecchiare. Da ragazzo avevo scritto la mia tesi di laurea sugli effetti della perdita dei ruoli nella terza età.

Finito il Rosario, dopo qualche reciproco sorrisetto, mi sono buttato.

"Dove siete diretta". Su quella linea e con persone di una certa età, il voi è d'obbligo, mentre il lei sembra provenire da un idioma alieno.

"Torno a casa, sono stata un paio di mesi da mia figlia a Milano. In estate le mie zone sono state terremotate e la mia abitazione si è lesionata".

"Come si chiama il vostro paese"

"È in provincia di Ascoli Piceno, ma il nome non lo conoscete, è talmente piccolo!". Poi mi dice il nome del suo paese, ridendo, come Pasquale quando prendeva il settebello e sapeva che la mano della nostra partita stava per volgere a suo favore.

Io mi era subito messo all'opera. Aperto il mio portatile, mi ero dato da fare su Google, scrivendo il nome del paese e cliccando poi su "immagini". Ne erano apparse centinaia. Mi ero alzato dal mio posto, sedendomi accanto a lei, e insieme ci eravamo messi a guardare le foto del suo paese. Lei, emozionata come una bambina nel giorno della prima comunione, aveva preso a mostrarmi tutte le case danneggiate, descrivendomi anche le persone che le abitavano, soffermandosi in modo particolare su coloro che avevano riportato ferite. In effetti si trattava di una località piuttosto piccola, immagino gli abitanti si conoscessero tutti, e dunque ogni perdita veniva vissuta quasi come una ferita personale.

C'era anche la sua casa tra quelle danneggiate. La donna aveva cominciato a parlare della paura e del dolore sperimentati, del senso di spaesamento, dall'angoscia di vedere cambiare il suo piccolo mondo in maniera così drastica. Quando una persona è anziana deve già fare i conti con naturali sentimenti legati al declino, ai distacchi, ogni piccolo mutamento diventa veicolo di paura, di malinconia. Inoltre, quelle settimane trascorse dalla figlia l'avevano separata dalle sue cose, quelle che le permettevano di riconoscere i suoi luoghi, di sentirli familiari e rassicuranti. Gli anziani non amano separarsi dalle piccole abitudini quotidiane, a tutto ciò che conferisce stabilità ad una vita che va accorciandosi, ogni giorno di più.

Intanto scorrevano le immagini di quel piccolo borgo terremotato, che rendevano presente ciò che lei mi andava raccontando con le parole e ciò che io cercavo di mettere a fuoco con la fantasia. Siamo andati avanti per un paio d'ore, fino alla stazione di San Benedetto del Tronto, la sua fermata, dove mi aveva salutato con un sorriso e stretto la mano con grande familiarità. Sempre col voi, lasciandomi, come Pasquale, un dolcissimo sapore di innocenza.

Non le avevo chiesto il nome, non saprei spiegarmi perché, e neppure i suoi anni, credo mi avrebbe creato un certo imbarazzo porre una domanda del genere ad una signora, non le avevo scattato una foto, com'era accaduto la volta precedente, tuttavia quando apro quella di Pasquale sul mio smartphone, come per un riflesso programmato, mi viene in mente anche il viso dell'anziana signora, che parlava lenta come una cantilena, come se stesse ancora recitando il suo rosario.

Stavolta il computer era con me, e devo proprio alla sua presenza il ponte che si è stabilito con quella persona, una bella persona.

Due viaggi diversi, con lo stesso esito, la nascita di un legame che definirei affettivo, effimero nella realtà ma poetico e persistente dentro di me. Nell'uno e nell'altro caso, l'innesco di una sequela di considerazioni che mi accompagnano e mi fanno intuire cosa guadagneremo e cosa perderemo con il continuo sviluppo della tecnologia digitale e dei contenuti che la riempiranno.

Nello stesso tempo la certezza che se vogliamo ancora somigliare a noi stessi, dovremo ricordare che uno strumento rimane sempre uno strumento, e che gli educatori possono ricondurre, anche questa è la loro missione, la sua influenza, entro confini ragionevoli, stabiliti da loro e dalla situazione data, impedendogli comunque di occupare spazi che non gli appartengono.

Nel primo caso l'assenza del computer aveva favorito il processo di avvicinamento. Nel secondo il mediatore inaspettato era stato proprio la sua presenza. La sua assenza e la sua presenza, dunque, avevano generato lo stesso effetto, degli incontri, due brevi ma significative relazioni.

Viene da pensare che sono altri fattori a fare la differenza.

Forse si è trattato solo di coincidenze, forse non è così, in ogni caso cominciamo a tagliare le ali ad ogni forma di radicalismo interpretativo, rifiutando di iscriverci tra gli innocentisti e tantomeno tra i colpevolisti.

Non mettiamo gli oggetti digitali sul banco degli accusati e nemmeno li assolviamo, perché non è questo il punto, come invece troppo spesso ci ostiniamo a credere. Non esiste quell'età dell'oro, che gli educatori collocano negli anni precedenti all'arrivo del digitale nella nostra vita, come fanno i bambini quando arriva il fratellino e attribuiscono agli anni precedenti virtù fenomenali.

Noi adulti siamo affetti da alcuni morbi di cui non registriamo nemmeno la presenza, uno di questi lo chiamerei "reducismo". Ci sentiamo reduci, sempre pronti a rimpiangere un passato fantasmagorico, paradisiaco, quando tutto era migliore, dimenticando che in quel passato noi eravamo figli e non genitori, non avevamo responsabilità alcuna, non c'erano mutui da pagare, crisi coniugali, paura di perdere l'impiego, angosce legate agli impegni economici, alle bollette che arrivano a tradimento, al figlio che tampona il vicino di casa e ci fa saltare le ferie o all'apparecchietto ortodontico, che pure quello è una minaccia alle vacanze. Certo, era un passato che somigliava a un parco giochi di cui eravamo utenti, il resto era appoggiato sulle spalle degli adulti.

Ma se è vero che l'età dell'oro è una fantasia, possiamo stare certi che neppure esiste quell'inferno, che crediamo generato dalla massiccia presenza di oggetti digitali e social network.

Come per tutte le altre svolte sperimentate dalla nostra specie nella sua storia, la pigrizia e il fastidio, quando non la paura, sono stati più veloci del ragionamento, facendoci perdere tempo prezioso ed energie ancora più pregiate.

Abbiamo detto prima che indietro non si torna, non solo perché la freccia del tempo è irreversibile, almeno per quanto ci è dato sapere oggi, ma soprattutto in ragione del fatto che il progresso si chiama così perché ci fa evolvere, se poi usiamo male i suoi frutti non ce la possiamo prendere con esso, quindi meglio guardare avanti cercando di essere pratici.

14

Il nemico non è alle porte, ma fa i propri interessi

Gli oggetti di cui stiamo parlando, erano, sono e rimangono tali, ossia oggetti, manufatti, non possiedono vita propria.

Se nessuno li usa, sono solo cadaveri tecnologici.

Se qualcuno li usa male, il problema è suo, non certo degli oggetti.

Se qualcuno li usa nella giusta maniera, ci guadagniamo tutti.

Né amici e neppure nemici, ma neutri e privi di qualsiasi intenzionalità. È così anche per le slot machine, di cui sono pieni i locali pubblici del nostro paese, e che sarebbero condannate a essere soffocate dalle ragnatele qualora nessuno degli avventori se ne lasciasse sedurre.

Gli oggetti non prendono posizione, non esprimono preferenze, almeno fino a quando gli esseri umani non decideranno di dare loro un destino, che in genere sarà funzionale agli interessi di alcuni, di una parte, mai degli stessi oggetti.

La materia inanimata non si mette a pensare, siamo noi i suoi signori, coloro che possono conferirle ruoli e finalità. Noi, minuscoli batteri di un universo fatto di materia, siamo un caso eccezionale, portatori, forse unici di un pensiero che si mette a pensare a quella materia e, spesso, a conferirle finalità.

Certo, siamo speciali, per questo immaginare scenari diversi, mettendo sullo stesso piano un genitore, un pezzo di plastica e un circuito stampato, è solo un alibi per allontanare responsabilità che invece sono collocate, in modo chiaro e inequivocabile, sulle spalle di noi educatori.

Possiamo dirlo con maggiore certezza dopo avere fatto conoscenza di Pasquale e della carissima signora senza nome, proveniente da un minuscolo borgo delle Marche, confermandoci nell'idea che l'interazione fra ragazzi, adulti e digitale, non si presta ad alcuna forma di semplificazione o di approccio bipolare, ma soprattutto che sono gli esseri umani a decidere la qualità della propria presenza nel mondo, virtuale o reale che sia, nonché il destino stesso delle interazioni con gli altri esseri viventi. Non ci sono cose buone e cose cattive, separate da uno sconfinato spazio vuoto, ci possono invece essere utilizzi pro sociali e antisociali di tali mezzi, ossia a favore o contro la persona, con gradazioni infinite.

Abitiamo la casa delle sfumature, è questa la nostra natura nonché la causa di tutti i nostri avanzamenti. Scivolare verso un modello fatto di opposizioni nette significa rinunciare a tutto ciò che ci fa umani, realizzando il paradosso beffardo di somigliare sempre più a dei robot, proprio le macchine di cui temiamo l'eccessiva umanizzazione. Non sarebbero più loro a mettersi in marcia verso di noi, saremmo proprio noi a raggiungerli nelle loro nicchie, rinunciando a ciò che ci permette di sentirci, ma anche di essere, speciali.

Ma non è la sola deriva verso cui può spingerci un digitale senza pedagogia, disertato da legislatori e genitori, vi sono altri sassi d'inciampo. Le nuove tecnologie introducono scenari singolari, dove materiale e immateriale si fondono creando effetti di vastità davvero sconosciuti, soprattutto per gli adulti, non sempre in grado di adattarsi a mutamenti così lontani dalle loro abitudini.

Ciò che si vede con gli occhi e si tocca con le mani, ciò che è tridimensionale, si può anche perimetrare e poi recintare, mentre ciò che viaggia nello spettro dell'invisibile sfugge e inquieta, facendoci dimenticare che abbiamo gli strumenti per affrontare qualsiasi fenomeno in cui sono coinvolti degli esseri umani, quale che sia la loro generazione.

I nuovi ambienti, dunque, possono essere abitati anche dagli adulti, a patto che si dotino delle necessarie consapevolezze, abbandonino il loro vittimismo, rinuncino a inopportune semplificazioni e allontanino la tentazione di dare la colpa agli oggetti, giacché quand'anche riuscissero a dimostrare la fondatezza delle loro ragioni, i problemi pedagogici rimarrebbero esattamente gli stessi con i quali si misuravano il giorno prima. A questo aggiungiamo che il tentativo di separare i ragazzi dagli oggetti digitali è destinato a sicuro insuccesso, quindi sarebbe meglio rinunciare a questa intenzione, ci guadagneremmo solo un grande risentimento nei nostri confronti e un'ulteriore perdita di autorevolezza.

Meglio salire a bordo

Secondo la divisione proposta da Marc Prensky, i nostri figli sono oramai da considerare tutti dei nativi digitali, ma questo non significa che esiste un modello educativo specifico per nativi digitali, così come non esisteva un modello educativo per i minori che guardavano la televisione o per quelli che frequentavano le piste di autoscontro. L'obiettivo di chi educa rimane sempre lo stesso, come abbiamo ricordato più volte, ossia fare dei nostri figli buoni abitatori della vita sociale, cooperatori e non sopraffattori, tutto ciò che riescono a rendere compatibile con tale finalità è benvenuto. Aiutarli ad autoregolarsi è l'unica strada possibile, evitando possibilmente che il nostro rapporto con loro diventi una partita a guardie e ladri, che vedrebbe vincitori quest'ultimi. Non possiamo controllare ogni cosa per 24 ore al giorno, se fosse questa la nostra scelta finiremmo per rendere un inferno la nostra vita e quella degli sventurati minori affidati alle nostre cure, ma soprattutto resteremmo a mani vuote.

Ritengo che l'atteggiamento più produttivo sia quello di avere occhi attenti alla possibilità. Nel 1992 stavo scrivendo uno dei miei primi saggi, da quell'anno le case editrici non accettavano più i manoscritti, cioè una pila di fogli scritti a macchina, ma chiedevano il celebre "dischetto", ragione per cui mi ero dovuto dotare di un computer da tavolo. Il portatile allora era un lusso.

Il giorno in cui i tecnici erano venuti a montare la macchina, davvero ingombrante, c'era in casa il primo dei miei figli, Luciano, che allora aveva 8 anni. Aveva assistito, eccitato, a tutte le operazioni, già allora era più competente del sottoscritto, essendo un utente del game boy e di altri oggetti prossimi al computer.

Finita l'installazione, ero tornato a lavorare. Prima di uscire avevo catechizzato mio figlio: "Questo è un oggetto da lavoro, ti prego di non usarlo quando sono assente, lo accenderemo insieme appena torno". Lui aveva assentito. La sera, entrato in casa e non avendolo incrociato, ero salito nella stanza che ospitava il computer. Come immaginavo non aveva resistito al richiamo della scatola magica, l'aveva accesa e ne stava esplorando l'universo. Avrei potuto risolvere tutto con una bella sgridata e sarebbe finita all'istante, ma mi sono frenato. Cercai mia moglie per un confronto, mi pareva necessario prima di intervenire, in modo da concordare un atteggiamento omogeneo, dovevamo decidere se fare scendere nostro figlio dalla barchetta oppure salire a bordo anche noi. Decidemmo di salire. Dopo avergli fatto spegnere il computer, stabilimmo insieme alcune regole, alle quali raramente avrebbe trasgredito in seguito, in particolare che avrebbe potuto usarlo solo dopo avere ottenuto di volta in volta il nostro consenso e per il tempo stabilito. Un'apertura di credito che si è risolta in una serie di vantaggi per noi genitori e per i suoi fratelli minori, cui avrebbe negli anni fatto da chioccia. Oggi sono utenti digitali, con spirito critico, ma quello che si è rivelato l'effetto collaterale migliore per noi genitori riguarda il fatto che la materia non ci è mai sfuggita di mano, essendo progrediti insieme a lei, sebbene il sottoscritto, per scelta deliberata, non è mai diventato un "cliente" dei social network.

Occorre precisare che allora era più facile per i genitori, le novità erano lente e il numero di esse controllabile, inoltre la connessione con il mondo esterno sarebbe arrivata solo l'anno successivo, grazie al gesto di enorme generosità di un fisico britannico, Tim Barnes-Lee, a cui tutti dobbiamo molto ma ancora di più gli devono coloro che attraverso la Rete si sono arricchiti, pure essendo lontani anni luce dallo spirito di servizio di quello scienziato. Sono cambiate tante cose da allora nella pancia della tecnologia digitale, ma ritengo che l'atteggiamento mentale di base debba continuare a essere lo stesso di allora: osservare, riflettere, decidere in modo "aperto", intervenire quando necessario.

Il fascino discreto delle sfumature

Le semplificazioni, come si diceva, sono tipiche del pensiero infantile, per questo risultano ampiamente giustificate quando si manifestano nel comportamento dei bambini. A noi adulti servono poco o nulla. I bambini, inesperti, ignari della realtà e perennemente di fronte a delle "prime volte", sono costretti a fare ricorso ad espedienti facilitatori, il più utilizzato è quello di dividere il mondo in poli opposti, dove i buoni stanno da una parte e i cattivi dall'altra, divisi da un oceano sconfinato fatto di nulla.

Si tratta di una soluzione di rapido consumo, dove le sfumature sono quasi bandite e tutto si misura sulla scala delle tonnellate, non certo quella dei grammi, assai più idonea nell'esercizio dei compiti educativi, dunque noi non possiamo permetterci di polarizzare il mondo. Tuttavia, per i piccoli, è pressoché obbligatorio adottare schemi di lettura semplificati, dal momento che c'è bisogno di capire in fretta quale strada imboccare. La realtà richiede risposte anche ai bambini, ed essi sono chiamati ad attrezzarsi meglio che possono, cercando di rendere meno complicato possibile il quadro che si trovano di fronte. Proprio da simili necessità nasce il bisogno di eliminare tutte le opzioni meno appariscenti, che spesso sono quelle che faciliterebbero la soluzione di un problema.

Decisamente un modo di procedere che un adulto non si può permettere. Noi siamo come quell'ispettore scolastico, di cui avevo letto su una vecchia grammatica delle medie, che si era recato a visitare una scuola presso un paesino rurale. Nei quaderni dei bambini aveva notato che la punteggiatura veniva usata in maniera piuttosto approssimativa. Lo fece notare al maestro, il quale rispose che in fondo la punteggiatura non era così decisiva.

L'ispettore, allora, si recò alla lavagna e scrisse questa frase: "L'ispettore, dice il maestro, è un asino". L'insegnante si scusò precisando di non essere stato minimamente sfiorato dal pensiero di offenderlo, ma l'ispettore tornò alla lavagna e modificò la posizione di una delle virgole ed eliminò l'altra, senza toccare neppure una parola: "L'ispettore dice, il maestro è un asino". A questo punto anche l'espressione del maestro si trasformò.

Ecco, le virgole sono parenti stretti delle sfumature.

La seconda ragione per la quale conviene prendere atto che la realtà, soprattutto quella digitale, non è un blocco granitico, riguarda proprio l'altissima specificità del compito pedagogico, concentrato su una singola persona, la cui testa per giunta è costruita in un modo tale da non prevedere repliche. Il rapporto educativo è profondamente influenzato dalla soggettività degli attori, dunque non si presta a ipotetici ricicli di materiale già usato, sia pure con successo, in altre circostanze. Se è vero che vi sono delle similitudini generazionali è altrettanto vero che quando si passa alla sintonia fine, alle virgole, le differenze riscontrabili tra una persona e l'altra, vale anche per i minori, possono essere anche abissali.

Per questa ragione, lo stesso, identico, tipo di intervento che con il primo figlio si era rivelato perfetto, con quello di mezzo oppure con l'ultimo, rischia di essere improduttivo o addirittura creare problemi. Questo vale in modo particolare quando è coinvolta la tecnologia, perché essa agisce su spazi e ritmi lontani dalle nostre abitudini, e dunque la valutazione dei suoi effetti richiede maggiore perizia.

La terza delle ragioni che sconsigliano di porsi di fronte al combinato disposto digitale-persona con un atteggiamento precostituito e negativo, riguarda l'impossibilità di fermare certi processi, sarebbe meglio dire progressi, semplicemente perché non è possibile, oltre che inutile. Sia perché gli interessi in gioco, soprattutto quando ve ne sono di economici, rimangono impermeabili a qualsiasi tipo di intrusione, sia perché le autorità faticano a trovare rimedi e, soprattutto, non considerano mai prioritari i risvolti pedagogici dei fenomeni culturali, dunque la palla finisce per restare in mano agli educatori, gli unici davvero interessati a cercare contromisure.

Ma a quelle appena elencate, conviene aggiungere una ragione che in qualche modo potrebbe essere decisiva. Quando trasformiamo un qualsiasi fenomeno in nemico, finiamo per comportarci come i fobici, che di professione "temono". Tutto ciò che è possibile temere. I nemici per lo più sono inventati, ma questo non impedisce loro di sprecare la vita, nell'ansia di difendersi da mostri di cartapesta.

L'universo digitale, però, non è un mostro di cartapesta, è molto di più, una manifestazione del genio dell'uomo a cui stiamo prendendo le misure, una svolta che richiede tempo per essere sistemata sui nostri scaffali. È solo una questione di tempo, com'è accaduto per altre svolte di una certa importanza.

La differenza, come sempre, la faranno i singoli individui, nella fattispecie gli educatori. Un conto, infatti, è che il nuovo ospite si senta libero di espandersi senza limiti e come gli pare, altro è che debba fare i conti con interlocutori che sanno il fatto proprio.

Abbiamo di fronte uno dei tanti gradini del progresso, che mette in discussione gli equilibri che si erano apparecchiati dentro di noi, che per comodità consideravamo definitivi ma che invece non lo erano affatto. Una situazione simile a quella di uno scalatore che, dopo avere completato una faticosissima ascesa, stremato e prosciugato di ogni energia, si rende conto che la montagna da scalare era quella a fianco.

Quando veniamo investiti da cambiamenti scomodi o inattesi, noi educatori perdiamo molto del nostro tempo disponibile a fare la conta dei danni. Le aziende, invece, applicano molte delle loro energie nella ricerca di strade capaci di farli andare veloci nei nuovi mondi. Esse vanno diritte al punto, costringendoci spesso sulla difensiva. In parole povere ciò significa che la prima mossa la fanno sempre loro e a noi resta l'incombenza di parare il colpo. Siamo pachidermi poco reattivi, speriamo sempre che al temporale segua il sole, ma questo, sul terreno educativo, si rivela un calcolo errato, qui vale il principio delle glaciazioni, che possono durare anche migliaia di anni.

Durante la stesura di queste pagine, mi sono misurato con diversi esperti del settore digitale, applicati negli ambiti più disparati, dagli educatori agli esperti di robotica, non sono mancati confronti con i miei figli, insieme ai quali sovente abbiamo articolato dei veri e propri dibattiti seduti intorno a un tavolo. Tale scelta nasce dal presupposto che un argomento come quello che stiamo trattando richiede un continuo monitoraggio di tutte le variabili in gioco, giacché ogni modificazione del terreno calpestato dai ragazzi, influenza il tipo di stimolazione che essi ricevono.

Una mail di Luciano, che come si poteva prevedere dall'episodio di prima, ora è uno psicologo con forti interessi verso i temi del digitale, che osserva e approfondisce da tempo attraverso il blog "Correrepensando.net", mette in fila alcuni pensieri che mi pare inquadrino con chiarezza i profili più critici della materia.

"La Rete e gli strumenti digitali non sono un unicum indistinto. I social network non sono equivalenti a internet e viceversa. Gli entusiasti, spesso, tendono a gettare tutto nello stesso contenitore, quindi se il digitale è per definizione buono allora qualunque applicazione è buona. Bisogna essere chiari su alcuni aspetti e chiamare le cose con il loro nome, ad alcune piattaforme social, dico alcune per prudenza, ma penso in realtà tutte, sono costruite scientemente con l'intento di monetizzare bisogni psicologici quali quelli del riconoscimento sociale, dell'appartenenza. La questione, in sintesi, è che non sempre il mezzo è neutro".

C'è materiale da cui prendere spunto per proseguire nelle nostre riflessioni, tenendo presente però che proprio nelle parole di Luciano ci sono alcuni ammonimenti, palesi e in filigrana. Quando egli parla di "riconoscimento sociale" e di "appartenenza" rimette l'accento sulla nostra natura comunitaria, di cui abbiamo già trattato e che tornerà spesso nelle prossime pagine, ma soprattutto getta la palla nel campo degli educatori, i quali troppo spesso tentano di restituirla all'avversario perché ritengono di non essere in grado di giocarla, come accade nella vicenda di cui mi accingo a riferire. In questa troviamo, bene in evidenza, molti dei retro-pensieri che condizionano l'azione degli adulti quando si trovano alle prese con talune emergenze, la cui genesi sono propensi ad attribuire solo alla presenza degli oggetti digitali e ai contenuti che essi utilizzano, omettendo quasi completamente il peso delle altre componenti, in particolare quella educativa.

15

L'invisibile che annienta

Alcuni ragazzi di una scuola superiore siciliana si erano messi nei pasticci molestando e ricattando una loro compagna attraverso il web. Minacciavano di pubblicare delle sue foto, probabilmente imbarazzanti. Accade, di frequente. Solo nelle ultime due settimane, mentre lavoravo a questo volume, sono arrivate almeno tre ragazze con il medesimo problema. La vittima, intelligente e coraggiosa, per nulla incline e cedere ai prepotenti, si era decisa a parlarne col padre il quale, ancora più coraggioso della figlia, invece di farsi giustizia da solo, procedura che avrebbe convinto i colpevoli di essere nel giusto, si era recato dai carabinieri denunciando i fatti.

Questo passaggio, intendo la reazione di figlia e padre, merita una menzione particolare, poiché le loro scelte si sono rivelate decisive nell'evoluzione che avrebbe preso la vicenda. I ragazzi, dopo la denuncia e il tempo necessario per apparecchiare un'indagine, erano finiti agli arresti. Giustamente.

Il caso aveva suscitato un certo scalpore, proprio a causa della misura restrittiva applicata ai ragazzi, che erano minorenni. In città vi era sconcerto, anche in conseguenza della notevole copertura mediatica che si era guadagnato il caso, così la scuola aveva deciso di organizzare un dibattito per mettere qualche punto fermo e dare ai genitori la possibilità di trarre tesoro dallo sviluppo degli eventi.

Avevo accolto volentieri l'invito ad un confronto con le varie componenti dell'Istituto, tuttavia ero consapevole della possibilità che molti dei presenti, soprattutto i genitori, potessero coltivare attese poco realistiche, tutte spostate sulla messa sotto accusa di strumenti e piattaforme digitali.

Per tale ragione mi ero preparato una relazione che mirava a smontare subito un possibile processo ai device e a quanto veicolano, una manovra fuori bersaglio da parte dei genitori, ma tutto sommato anche nell'ordine naturale delle cose. In fondo, se non avessimo allocato le responsabilità più grandi sulle spalle degli oggetti digitali, che per loro natura tacciono e non si difendono, queste sarebbero finite su quelle delle madri, dei padri, degli insegnanti e degli stessi ragazzi.

Individuare un falso bersaglio e concentrarsi su di esso, può sedare l'ansia di chi si sente sotto processo, ma nello stesso tempo finisce per rendere inutile ogni sforzo di comprensione, dunque avevo deciso che mi sarei concentrato sui ragazzi e sugli educatori, lasciando sullo sfondo gli oggetti digitali per richiamarli poi in un secondo momento.

Mi mancava però un buon inizio, per incanalare subito la mia relazione verso un esito più ragionato e soprattutto poco ideologico. Aspettavo un'ispirazione, anzi era necessaria poiché un buon inizio consente di collocare l'argomento sulla strada giusta, facilitando la presa di contatto tra relatore e ascoltatori. E l'ispirazione alla fine arrivò, casualmente, come accade il più delle volte, grazie a circostanze fortunate, ma forse non solo fortunate. Ricordiamoci l'episodio delle larve delle formiche nel sottovaso, che abbiamo raccontato nelle pagine precedenti. Gli indizi per sviluppare dei ragionamenti sono sparsi ovunque, bisogna però essere disponibili ad accoglierli e a metterli in connessione tra di loro, osservare significa proprio mettersi in grado di raggiungere tale traguardo.

Innanzi tutto, mi avrebbe aiutato la collocazione geografica del mio intervento, la città in cui sono nato, quindi, come mi accade sempre, avrei approfittato per salutare i miei legami. Vivi e defunti.

Così, nel primo pomeriggio, mi ero recato al cimitero. Il mio giro parte sempre dal nonno paterno, deceduto nel 1946. Conosco bene i suoi "vicini" di loculo, avendo consuetudine con quel luogo, ma evidentemente non li conoscevo tutti. Mi ero girato verso la mia sinistra, allargando lo sguardo di diversi gradi rispetto a quanto faccio di solito. Qualcosa aveva colpito la mia attenzione ma mi sembrava strano, quasi una piccola allucinazione, pensavo che quanto credevo di avere visto fosse il frutto della mia abitudine a tenere gli occhiali in tasca, invece di indossarli. Accade che prenda degli abbagli. Così mi sono avvicinato, rendendomi conto, con grande sorpresa, di averci visto giusto. Davanti a me ora c'era la lapide di Ermanna, una ragazzina di 15 anni, deceduta nel 1944. In tutti quegli anni non avevo fatto caso a lei, come accade quando puntiamo diritto un obiettivo, che in quel settore del camposanto era mio nonno, il padre di mio padre.

Tuttavia, le sorprese non erano finite, sulla piccola lapide di marmo che chiudeva il loculo, oltre ai riferimenti identificativi della ragazzina, c'era la sua foto! In bianco e nero.

Messaggi, evoluti, dal passato

Un'immagine singolare, in cui Ermanna, una morettina molto graziosa, oltre a sfoggiare un sorriso luminoso, esibiva un telefono, per l'occasione appoggiato all'orecchio sinistro, come se stesse comunicando. Naturalmente si trattava di uno dei primi telefoni, la foggia era quella del tempo, colpiva il microfono, molto simile a un bicchierino. Bastava e avanzava, avevo il mio incipit e potevo affrontare il pubblico che alle diciotto sarebbe venuto ad ascoltarmi.

L'auditorium si presentava gremito poiché l'argomento era molto sentito, considerato l'arresto degli studenti che avevano creato problemi alla compagna. C'erano proprio tutti, dai ragazzi, ai genitori, ai professori, e io avevo iniziato portandoli tutti al cimitero. "Stamattina mi sono imbattuto in Ermanna".

Dopo avere raccontato le circostanze di quella mia visita e della sorpresa di vedere una foto di settant'anni prima che ritraeva una ragazzina col telefono in mano, esattamente come tutte le ragazzine di oggi, avevo posto una domanda, in maniera piuttosto diretta, ai presenti e a me stesso.

Mi ero chiesto a chi si sarebbe dovuta attribuire la responsabilità, qualora Ermanna si fosse messa a usare quell'apparecchio per organizzare degli scherzi telefonici, ai danni di vittime inconsapevoli. Allora, peraltro, la possibilità di rintracciare il chiamante doveva essere assai remota, di certo molto laboriosa.

Ero curioso di sapere se ci saremmo dovuti lamentare col telefono oppure con la stessa ragazza e con chi avrebbe dovuto insegnarle a usare correttamente quell'apparecchio.

La risposta fu unanime. Il telefono fu assolto con formula piena dalla giuria, formata dalle stesse persone che probabilmente avrebbero sfasciato a martellate gli oggetti digitali. A questo punto mi fu facile proseguire nel ragionamento, mettendo in chiaro che il problema determinatosi in quella scuola riguardava i ragazzi che avevano ricattato la ragazzina e noi educatori, concedendo tuttavia che le cose ai tempi di Ermanna erano meno complicate, considerato che la tecnologia non era così pervasiva e la ragazzina non si poteva certo portare il suo telefono in giro, lontana da ogni controllo.

Il principio però non cambia, gli oggetti digitali, come il telefono nero di Ermanna, non possiedono vita propria, dibattere sulle loro responsabilità non serve granché. Si può invocare un controllo legislativo su oggetti, programmi e piattaforme, si può persino decidere che gli smartphone non entrano a scuola, a patto che rimanga chiara la natura educativa del percorso e non ci si dimentichi che nelle sfide tra genitori e progresso l'arma non la scelgono mai i genitori e che non sarà una norma legislativa a levarci le castagne dal fuoco.

Stiamo parlando di una prospettiva che prevede una certa quantità di fatica, ma non esistono scorciatoie, se non quella che abbiamo appena guardato in faccia e abbiamo bocciato perché sbagliata e impraticabile, ossia attribuire tutte le colpe agli incessanti cambiamenti, che sfiancano e ci fanno sempre apparire in ritardo, oppure agli oggetti inanimati che, tuttavia, come il telefono di Ermanna, non fanno male a nessuno fino quando qualcuno non decide di prenderli in mano e utilizzarli. È esattamente a questo punto che tocca a noi educatori, che avremo maggiori speranze di successo se negli anni precedenti saremo riusciti a insegnare ai nostri figli il valore degli altri.

La scatola e il contenuto

Nella vicenda che abbiamo appena raccontato ci sono due precisi filoni di interesse, uno riguarda il mezzo e l'altro il contenuto. Il trattamento riservato alla compagna da parte di quei ragazzi non c'entra nulla con il mezzo utilizzato mentre sembra avere molto a che fare con gli ingredienti che alimentano quelle personalità, compresa l'idea che ognuno di essi si è formata riguardo alla dignità delle donne. Ma l'utilizzo scellerato del mezzo non tocca solo i ragazzi, investe in pieno anche la parte più istintiva e adolescente che teniamo in tasca, generando talvolta delle tragedie orrende, come quella che prende forma in Abruzzo nel corso dell'anno 2016, trovando un epilogo insopportabile l'anno appresso.

Partiamo dai fatti, ossia da quello che è accaduto nella realtà. Su questi, almeno su questi, non dovrebbero esserci dubbi.

Luglio 2016. Un ragazzo di vent'anni alla guida di un'autovettura passa col rosso, travolgendo e uccidendo una giovane sposa e il bambino che portava in grembo.

Comincia il lavoro degli inquirenti, che si muovono in fretta, in breve il ragazzo viene rinviato a giudizio per omicidio stradale. Il processo sarebbe iniziato verso metà febbraio del 2017, l'udienza era già stata fissata.

Incuranti delle realtà, gli utenti dei social cominciano una massiccia azione di martellamento, contro "l'assassino" (dedicandogli anche una pagina con questo epiteto), chiedendo giustizia per la vittima e creando un clima di enorme tensione, anche tra i protagonisti, primo tra tutti il marito della donna che, all'inizio di febbraio del 2017, sopraffatto dallo sconforto e, probabilmente, influenzato dallo scenario digitale, uccide l'investitore.

Tragedia nella tragedia, come accadeva nella Sicilia dei decenni passati, quando la "gente" faceva pressioni sul marito tradito, attraverso il mormorio e la derisione, perché si facesse giustizia da solo, con la complicità di una legislazione arcaica che riconosceva l'attenuante dell'onore.

Nelle stesse settimane in cui aveva perso la vita quella giovane donna, nella medesima località si era registrata un'altra tragedia. Tre ventenni a bordo di un'auto in marcia, avevano deciso di farsi un selfie, ma l'operazione, sfuggita di mano al conducente, aveva determinato un impatto violento, in cui si era salvato proprio chi guidava la macchina mentre i due passeggeri avevano perso la vita.

Stavolta, in fondo, c'era stata maggiore strafottenza da parte degli occupanti del mezzo, eppure i social avevano incomprensibilmente taciuto.

La città è la stessa, i due incidenti stradali erano entrambi stati determinati dalla leggerezza, eppure in un caso era prevalsa la discrezione, nell'altro si è scatenata una violentissima reazione dei social, inarrestabile e, possiamo dire col senno di poi, letale.

Sarebbe lungo, e forse presuntuoso tentare di analizzare le ragioni alla base del diverso atteggiamento nei due casi, in fondo io non c'ero. Forse, si potrebbe pensare, nel caso dei ragazzi il loro azzardo è stato pagato in proprio, dunque la punizione se l'erano inflitta da soli, mentre nel caso della povera donna in procinto di diventare madre, si è scatenato lo zelo della Rete perché niente deve restare impunito per i giudici da console, che disinvoltamente si mettono alle spalle due millenni di diritto e vanno per le spicce.

Nell'incidente determinato dall'incauto selfie non erano stati coinvolti estranei, forse per questo il conducente, che pure era sopravvissuto, non aveva subito attacchi dalla giuria popolare. Nell'incidente in cui aveva perso la vita Roberta, era stato invece condannato a morte, dai commenti passati in Rete, non importa chi poi avrebbe materialmente eseguito la sentenza. Si era creato un sentimento, una tensione che poteva estinguersi solo in presenza di un evento catartico.

Forse è tempo che anche il codice penale venga aggiornato, perché se è vero che non può esserci processo alle intenzioni, bisogna prendere atto che esistono nuove fonti di lesività, che vanno esplorate e codificate.

Resta il fatto che si sono aperti, da tempo e prepotentemente, nuovi fronti, compreso quello pedagogico. Ciò che è accaduto nella città abruzzese ci ricorda ciò che oramai sappiamo da anni, ossia che l'immateriale può uccidere.

Nel marzo del 2018 i quotidiani avevano dato conto di una nota risalente a due anni prima, scritta dal vicepresidente di Facebook, peraltro piuttosto giovane, il trentaseienne Andrew Bosworth, in cui lo stesso affermava: "Noi connettiamo le persone. Punto. È per questo che tutto il lavoro che facciamo per la crescita è giustificato. Tutte quelle discutibili pratiche per importare i contatti. Tutto il lavoro che facciamo per creare più comunicazione. Tutto ciò può essere negativo se usato in maniera cattiva. Magari costa la vita a qualcuno che entra in contatto con dei bulli. Magari qualcuno muore in un attacco terroristico organizzato grazie ai nostri strumenti. Eppure, noi mettiamo in connessione le persone".

Abbiamo già accennato ai pentimenti eccellenti di figure apicali dei social network, che ultimamente sembrano molto impegnati in una gara a chi si flagella di più o a raccontarci che non fanno nemmeno avvicinare i propri alle diaboliche piattaforme messe in piedi da loro stessi.

Si tratta di un blocco di persone piuttosto geniali, che non avrebbero dovuto farci incappare in certi clamorosi incidenti percorso. Invece ci siamo cascati, pagando, come nel caso appena raccontato, dei prezzi estremi, subendo conseguenze irrimediabili. Dal momento che l'unica vera intelligenza possibile è quella che contempla l'interesse dei propri simili e si mette al loro servizio, dovremmo concluderne che quei presunti geni eseguono solo compitini specializzati e settoriali, anche sofisticati, ma niente di più.

Un sacerdote che organizza grandi eventi per la Chiesa, mi confidava che i cardinali sono una disperazione: "Mi creda, molti di loro non sanno neppure chiamare un taxi".

Magari dovremmo fermarci, fare due respiri profondi e poi domandarci se dobbiamo fidarci di un padre che non si perde quando va al supermercato e riporta a casa la famiglia senza imboccare l'autostrada contromano oppure di questi cervelli sospesi nel vuoto, che stanno alla quotidianità come i nostri figli stanno alla costellazione di Andromeda.

16

Limiti e grandezze della tradizione

Gli oggetti digitali e quanto contengono, nonché tutto ciò a cui ci danno accesso, non c'entrano nulla o quasi con il concetto di tradizione, non ne fanno parte.

Forse per questo non vanno d'accordo coi genitori, che invece con la tradizione se la intendono, salvo avere le idee piuttosto confuse su di essa.

Sono, quegli oggetti tecnologici e le piattaforme a cui offrono ospitalità, fuori dal recinto, e forse per questo stentano ancora a guadagnarsi grandi attestati di simpatia da parte di madri e padri, che alla tradizione tengono, perché rassicura, fa sentire le cose familiari, costanti, riconoscibili ma soprattutto tangibili, consistenti, tridimensionali. Una specie di succhiotto, la tradizione, la tettarella di gomma che i bambini considerano una specie di genitore aggiunto.

Tuttavia, l'equivoco nasce da un malinteso senso del concetto di tradizione, percepito come qualcosa in cui ci si rispecchia, che dura da sempre e durerà per sempre. Un luogo popolato di lucide statue di metallo, dalla durata sconfinata.

Le persone attaccate, spesso ciecamente, alle tradizioni, possono diventare fonte di problemi in diversi ambiti, soprattutto quando la tendenza a "conservare" si radicalizza e non distingue più tra cose da tenere (ve ne sono tante) e cose da buttare (ve ne sono altrettante), diventando una camicia di forza applicata alla realtà. Un talismano a cui ci attacchiamo quando il mondo comincia a vorticare e temiamo di perdere i punti di riferimento, le belle cose "di una volta", solidissime polizze di assicurazione, garanzia di assoluta staticità.

La tradizione, che tutti invocano come un valore, in realtà ci può ammalare interiormente e può prestarsi ad abusi anche gravi, proprio perché è come una cifra letta al contrario. Ne sapeva qualche cosa il grande compositore austriaco Gustav Mahler, che è stato anche un notevole direttore d'orchestra, accoppiata non sempre scontata nel mondo della musica classica. Egli usava ricordare ai cantanti, soprattutto a quelli troppo legati ai modelli del passato, che "tradizione significa custodire il fuoco non adorare le ceneri".

Pensiero semplice, che scolpisce perfettamente un concetto, rendendolo chiaro, capace di fissarsi a lungo nella memoria di chi lo incontra, dandogli modo nel contempo di trovare applicazione in diversi campi, anche lontanissimi dalla musica, come l'educazione con tutti i suoi grattacapi, a cominciare proprio dai nuovi confini che stiamo cercando di esplorare in queste pagine, quelli della tecnologia digitale.

Per rimanere all'interno della felice metafora che abbiamo rubato al musicista austriaco, viene da pensare che in genere noi educatori abbiamo un discreto feeling con le ceneri mentre tendiamo a essere piuttosto maldestri con il fuoco, riportando non di rado serie ustioni. Una situazione pedagogicamente sfavorevole, considerato che i nostri interlocutori, ossia i bambini e i ragazzi, si trovano sul versante opposto, dove il fuoco è assai più popolare delle ceneri, perché è fonte di quell'energia che sovente sentono mancare nella loro vita ma che è indispensabile per abbandonare i propri vissuti di inadeguatezza.

La storia dell'umanità sovrabbonda di indizi molto chiari in proposito, che ci mostrano come i veri custodi del fuoco siano sempre stati i membri delle giovani generazioni, mentre gli adoratori delle ceneri nella quasi totalità dei casi sono rappresentati da coloro che occupano le stanze del potere, che un tempo furono a loro volta cercatori dello stesso fuoco.

Questione di punti di vista

Il fatto è che i rivoluzionari di un tempo, una volta conquistato il palazzo, si trasformano in arcigni conservatori, il cui unico pensiero è tenere sotto controllo chi bussa alle porte, ordinando ai soldati di sparare da tutte le feritoie a disposizione. Tale "salto" di atteggiamento è in parte responsabile del profondo divario che si determina tra adulti e ragazzi, a proposito di oggetti e contenuti digitali. Questi ultimi, a causa della loro relativa inafferrabilità e della conseguente diffidenza da parte degli educatori, contribuiscono a radicalizzare le posizioni, ampliando le distanze tra le generazioni.

Si tratta di un effetto del tutto comprensibile, poiché il cambiamento si è fatto maggiormente presente tra i bambini e i ragazzi, in genere meno "frenati", culturalmente e psicologicamente, rispetto alle novità, ancora meno quando le stesse sono così stimolanti. Lo stesso termine "cambiamento", utilizzato a proposito dei giovani e della svolta digitale, può risultare inappropriato perché in realtà nella loro vita non vi è stata nessuna svolta, l'ambiente digitale esiste da prima che nascessero. Siamo stati noi educatori, invece, ad essere raggiunti da un fenomeno sconosciuto, dopo avere vissuto buona parte della nostra esistenza all'interno di un paesaggio completamente diverso, che speravamo immutabile, perché ciò che rimane uguale a se stesso di solito rende le cose meno complicate.

Questa diversa esposizione al cambiamento comporta una serie di specificità a cui non badiamo troppo, a cominciare dall'accelerazione dei processi, che noi adulti abbiamo contribuito a determinare ma che continuiamo a considerare innaturale, mentre per i minori non esiste accelerazione, giacché quella attuale è sempre stata la velocità delle loro giornate e, cosa non da poco, del loro mondo interiore.

Non ne conoscono una diversa, perché non c'erano quando il ritmo era più basso oppure erano appena arrivati e non sono riusciti a impregnarsene, tanto da potere distinguere nettamente tra i due tempi.

Per le nuove generazioni esiste solo una ritmica, quella veloce, questo tuttavia non significa che le accelerazioni non feriscano anche loro.

Pochi giorni orsono il mio lavoro mi portava a Bari. Nel sedile vicino al mio e dall'altra parte del corridoio, giovani vestiti di scuro con cravatta da manager, si attendeva il decollo. Erano impegnati con i loro smartphone e si scambiavano delle battute su temi attinenti al lavoro, sembrava gente che salta da un aereo all'altro con notevole disinvoltura, quasi inforcasse una bicicletta. Poi l'aereo aveva iniziato a rullare, bisognava mettere in pausa i device e prepararsi al volo. Con la coda dell'occhio avevo visto che il ragazzo seduto accanto a me, una trentina d'anni, sbarbato, tirato a lucido e (forse) sicuro di sé, aveva iniziato un piccolo rituale propiziatorio, mentre quello accanto a lui, anch'egli brillante fino a un attimo prima, ora sembrava teso e faceva il segno della croce.

Tutto molto umano, da padre avevo provato anche un sentimento vicino alla tenerezza, pensavo che sarebbe bello se tutto ciò non fosse confinato ai momenti critici, se restasse attivo anche quando dobbiamo dare un parere attraverso i social network, in quelle circostanza in cui, dimentichi delle nostre paure e dei nostri limiti, sembriamo cavalieri senza macchia e senza paura, scavando cinicamente nelle vite degli altri.

Nell'articolo datato 2001, che in qualche modo segna uno spartiacque, il già citato Marc Prensky aveva spiegato piuttosto bene come stanno le cose a proposito di tale sfasamento, soprattutto aveva assegnato dei nomi alle varie facce del prisma nonché ai diversi attori in campo, a cominciare proprio dai bambini e dai ragazzi, che diventano *nativi digitali* mentre coloro che li precedono entrano a fare parte dell'esercito degli *immigrati digitali.*

Tra i nativi Prensky colloca coloro che sono nati dalla seconda metà degli anni Ottanta in poi, dunque il giovane viaggiatore seduto accanto a me, costretto a nascondere le sue paure, a esorcizzare tramite un rituale ossessivo, era un nativo digitale.

I nativi sono accomunati dall'immersione costante, a partire dal primo vagito, nel "liquido" delle tecnologie digitali, un brodo di coltura del tutto diverso da quello nel quale ci siamo nutriti noi adulti. Va da sé che un nutrimento diverso determina risultati diversi.

Cosa mettere in valigia

Ci sono però delle precisazioni molto importanti che non possiamo bypassare, perché ci permettono di cogliere sfumature che l'autore dell'articolo di cui abbiamo appena parlato non poteva avere presenti. Nell'appendice a un mio precedente volume, Luciano, in proposito aveva scritto:

> Trattandosi di una caratteristica ambientale, dunque estremamente variabile a seconda del luogo cui ci riferiamo e della conseguente diversa diffusione tecnologica, è necessario notare che un ragazzo nato a fine anni Ottanta negli Stati Uniti potrebbe far parte della categoria mentre potrebbe non farne parte un coetaneo nato in Italia. Allo stesso modo, considerata la modalità a macchia di leopardo con cui si sono diffusi questi strumenti in aree diverse degli stessi paesi, è possibile che due ragazzi nati rispettivamente in città e in campagna non abbiano lo stesso grado di appartenenza al gruppo.
>
> Per contrasto, immigrati digitali sono le persone nate prima di quell'incerto spartiacque, accomunate dall'aver vissuto l'arrivo delle tecnologie nella posizione di osservatori consapevoli, con la possibilità di indicare un prima e un dopo la loro implementazione. Per i nativi digitali tale possibilità non esiste giacché per loro le tecnologie sono sempre esistite come parte naturale dell'ambiente.
>
> Nel suo scritto Prensky si spinge ancora oltre, sottolineando come il cambiamento avvenuto abbia tutte le caratteristiche per configurarsi come una vera e propria discontinuità, e non come una semplice evoluzione avvenuta per accumulo incrementale di competenze, modalità di pensiero e di azione da una generazione all'altra.
>
> L'affermazione è impegnativa, e porta come conseguenza naturale il fatto che questa nuova categoria di individui avrebbe modalità di elaborazione

delle informazioni strutturalmente diverse da quelle dei predecessori. Più nello specifico, i nativi digitali sarebbero abituati a gestire flussi rapidissimi di informazioni e a elaborare molteplici stimoli in maniera parallela, mettendo in pratica consuetudini comportamentali che li portano a privilegiare, in ogni situazione in cui è possibile scegliere, l'opzione digitale. L'autore, come esempio, mette a confronto chi, in un ufficio, stampa le mail con chi si trova perfettamente a suo agio a consultarle su schermo.

E ancora:

Mi limito a considerare che le ricerche sul tema sono numerose e i risultati controversi, ma forse ciò dipende dal fatto che il tempo trascorso è ancora troppo breve per corroborare l'una o l'altra tesi. Solitamente l'evoluzione si muove su una scala temporale più rilassata, e forse i nativi digitali sono semplicemente persone come tutte le altre con l'unico vantaggio di aver goduto delle tecnologie digitali nel periodo più fondamentale per la formazione della loro personalità e della loro mente. Ma questo è accaduto anche alla generazione precedente con la televisione, e quindi mi viene più facile immaginare che, banalmente, ognuno sia nativo della propria epoca e delle tecnologie che la caratterizzano, senza dover immaginare fondamentali differenze antropologiche, psicologiche o addirittura neuronali fra chi è nato prima o dopo gli anni Ottanta.

Si direbbe che la tradizione non tocchi la vita dei nativi digitali, che appartenga solo ai "migranti", ma se fosse così legittimeremmo quell'imbroglio che conduce i manager, che viaggiavano accanto a me in aereo, a vivere come se non ci fosse la paura, per poi diventarne preda in modo repentino e irrazionale, rimanendo privi di difese.

Forse è questo il tormento da cui stiamo scappando, infilando una serie infinita di eventi nella nostra esistenza, così da non lasciare spazio alla riflessione e alle paure. Ecco, allora, che la tradizione, ossia la memoria di tutto quello che ci fa umani, può avere senso, ma a patto che si nutra del fuoco e spazzi via in fretta le ceneri, perché un'educazione centrata sulla conservazione, sulle perenni frenate che mettiamo in atto ogni volta che viene a visitarci qualcosa di nuovo, oltre ad allontanarci dai nostri figli superconnessi, risulta completamente sfasata rispetto a quelle che sono le loro vere richieste.

"Mia mamma mi teneva per mano. Io camminavo con gli occhi chiusi". Mi dice un uomo di cinquant'anni, proprietario di una fortunata azienda, ricordando un episodio di quand'era piccolo. Sarà capitato a chi legge di sentire lo stesso totale senso di protezione mentre uno dei suoi genitori lo teneva per mano, ed egli avvertiva che nulla poteva minacciarlo.

Torniamo ancora per un istante a quel ragazzo, probabilmente un manager dell'industria 4.0, seduto accanto a me sull'aereo, tecnologico e quasi impersonale, la cui fragilità ispirava il rituale ossessivo che aveva attirato la mia attenzione e che smentiva tutte le pose sulla propria pseudo sicurezza.

Abbiamo il compito di portare nel loro tempo la parte migliore del passato, cercando di tenere insieme un mondo a cui oramai loro sentono di appartenere in modo irreversibile. Se non lo faremo danneggeremo proprio i nostri figli, perché cadrebbero troppo lontani dalle tradizioni cooperative alle quali dobbiamo tutto ciò che abbiamo, e che è marchiato a fuoco nelle parole di questa donna di settant'anni, con una figlia disabile di quasi cinquanta. "Ogni tanto mia figlia cade preda di severi attacchi di panico, io mi metto vicino a lei e la coccolo fino a quando le passa. Mi chiedo come farei senza questa figlia, che mi tranquillizza così tanto". Un paradosso, sembra, ma eccolo l'amato fuoco, trovare senso mentre soccorriamo. Questo è ciò che dobbiamo proteggere dalle minacce portate dalla tecnologia, perché senza intrecci di questa natura avremmo i giorni contati e ad ogni progresso delle macchine corrisponderebbe un passo verso la materia inanimata.

17

Solo verità soggettive

Prima di tornare sulla questione aperta da Prensky a proposito del grado di mutazione antropologica nei nativi digitali, concediamoci ancora qualche breve ragionamento onde evitare di assegnare ad ogni affermazione connotati assoluti e definitivi, posizione che male si presterebbero a descrivere la peculiarità di ogni singolo ragazzo, posto di fronte a stimoli che provengono dagli ambienti digitali.

Tutti noi sappiamo, anche solo intuitivamente, che dare un nome alle cose e ai fenomeni rappresenta un modo per renderli familiari, meno temibili, giacché tutti abbiamo bisogno di ridurre al minimo la parte ignota di ciò che incontriamo sulla nostra strada. Una propensione fortunata, questa, che possiamo considerare alla base dei progressi compiuti dalla nostra specie, ma non basta.

Un limite o un semplice ostacolo evocano una compensazione, questo mette in circolo delle energie e ci spinge a colmare le carenze. Senza limiti e ostacoli il mondo come lo conosciamo non esisterebbe. La stessa scoperta dell'America è la conseguenza di un impedimento, di una necessità che si era fatta stringente quando, nel quindicesimo secolo, gli ottomani avevano cominciato a rendere complicata la navigazione nelle rotte mercantili verso l'Oriente. Bisognava trovare una nuova strada, ciò comportava l'impegno di ingenti risorse economiche nonché il reclutamento di uomini intraprendenti e audaci.

L'esito degli sforzi applicati nell'impresa di superare quell'emergenza è sotto i nostri occhi, parliamo della scoperta di una parte notevole delle terre emerse e la conseguente colonizzazione delle stesse, evento che, nel bene e nel male, avrebbe avuto una notevole influenza sulle sorti del mondo.

La “pancia” del digitale è senza dubbio tra i territori che tutti vorremmo conoscere meglio, il ritmo con cui da essa scaturiscono novità, praticamente a getto continuo, lascia senza fiato e ci consegna ad una perenne micro-ignoranza, evocatrice di rincorse, ci lascia una percezione di inadeguatezza rispetto alla vastità dei suoi confini, tali limiti a loro volta richiamano, come logica conseguenza, un forte bisogno di conoscenza.

Una condizione alquanto diversa rispetto a quella che interessa i nativi digitali, che quella conoscenza se la sono trovata nel Dna. Il panorama che si sono trovati di fronte, aprendo gli occhi, conteneva già oggetti e tecnologia che gli adulti avrebbero incontrato solo dopo un certo numero di anni dalla nascita.

Non è una differenza da poco, poiché se qualcosa esiste già quando noi arriviamo in un luogo, finiremo per considerarlo parte integrante dell’ambiente, elemento costitutivo del mondo circostante, mattone della nostra personale formazione. Questo ci disporrà a interagire con esso in modo spontaneo, essendo da sempre abituati alla sua presenza.

Ora, se consideriamo che i tratti fondamentali della personalità, quelle strutture che poi ci renderanno riconoscibili dai nostri simili, prendono forma soprattutto nei primi sei/sette anni della nostra vita, significa che quanto incorporiamo in quella fase diventa, soggettivamente “normale”.

Lo stesso può valere per l’apprendimento di una lingua straniera, ad esempio anche chi non aveva mai studiato in modo sistematico l’Inglese, mi racconta di essere in grado di comprendere molte parti di un discorso. Il contagio è avvenuto per immersione inconsapevole, a cominciare dagli avvisi affissi sui mezzi di trasporto, che contengono il testo nella lingua locale e in Inglese. Una mia paziente è in grado di sostenere una discreta conversazione in Inglese pure avendolo studiato solo alle medie, conservando vaghe reminiscenze di quell’esperienza.

Abbiamo detto nelle pagine precedenti che il massimo contributore nel processo di formazione dello stile di vita è l’*ambiente*. Non si tratta di un’affermazione di poco conto, perché stiamo sostenendo che un ambiente a forte presenza digitale produce stimoli assai diversi rispetto a quelli che possono provenire da un ambiente dove la presenza del digitale è minima o addirittura inesistente, come senza dubbio era fino alla prima metà degli anni Ottanta. Proviamo a misurare la potenza dei lasciti ambientali, considerando la storia di questo sedicenne, in cui c’è molto su cui riflettere.

Scalpelli affilatissimi

È stato adottato a 6 anni, gli ultimi tre dei quali passati in un istituto, mentre i primi erano trascorsi in uno stato di totale abbandono, da cui erano scaturiti l'intervento dei servizi sociali e i provvedimenti del tribunale dei minori.

I dieci anni successivi, quelli vissuti presso la nuova famiglia, sono stati contrassegnati da progressi molto significativi. Le prime parole le aveva pronunciate intorno ai 4 anni, malgrado ciò il rendimento scolastico odierno è piuttosto discreto, tuttavia, data la situazione di partenza, siamo di fronte a un recupero prodigioso.

Eppure, questo è solo un frammento della storia, che presenta aspetti tali da lasciarci senza parole. La madre mi aveva riferito che il ragazzo manifesta una forte inclinazione per l'arte, avevo registrato l'informazione prefiggendomi di approfondirla, ma alcune foto mostratemi dalla stessa donna, relative a opere realizzate dal ragazzo, mi avevano lasciato letteralmente senza fiato.

Una scultura di un cigno, quella di due mani, nonché alcuni quadri che non avrei faticato ad attribuire a uno degli artisti contemporanei che vanno per la maggiore. Realizzazioni di notevole bellezza, soprattutto in considerazione dell'età dell'autore. Mi chiedevo dove avesse maturato quel talento, non riuscivo a individuare situazioni capaci di giustificare quella grande capacità creativa e realizzativa. I primi tre anni vissuti in solitudine, i secondi tre presso un istituto, dove non riceveva particolari stimoli, poi dieci anni in un contesto familiare che non aveva curato particolarmente quell'aspetto.

Fino a quando la stessa madre mi aveva raccontato un episodio, che apparentemente non aveva alcun nesso con il talento artistico del ragazzo. "Quando lo abbiamo portato a casa, a 6 anni, mi aveva chiesto subito un secchio con acqua e detersivo, straccio e spazzolone e si è messo a pulire per terra. Era l'unica cosa che lo rilassava, amava anche spolverare e in generale tenere in ordine le proprie cose. Abitudini conservate anche oggi".

Un quadro perlomeno curioso, ma ciò che segue apre una finestra: "In istituto non era molto seguito dal personale, gli stava dietro invece l'anziana donna delle pulizie, che gli voleva molto bene e gli faceva da nonna. Stavano sempre insieme e lei, forse per tenerlo occupato, gli dava dei piccoli compiti da svolgere. Era molto contento di aiutarla nei lavori di pulizia".

Era quella nonna l'ambiente del bambino, colei che lo aveva introdotto alla manualità, forse gettando le premesse di quelle competenze artistiche che forse guideranno il riscatto di questa creatura. Essersi impegnato quotidianamente, nei primissimi anni di vita, in lavori che richiedevano coordinamento e una certa abilità nell'uso delle mani, può contribuire a dare una spiegazione dell'esistenza di quel talento non comune.

Questo intendiamo quando ci riferiamo alle influenze dell'ambiente, ma ancora Dreikurs ci aiuta a non impacchettare rigidamente il concetto: "L'ambiente non è tutto, dato che individui diversi rispondono in maniera del tutto differente alle stesse esperienze ed influenze: e questo per la semplice ragione che, nell'agire, l'individuo non si limita a pure e semplici reazioni, ma adotta una linea di condotta ed un atteggiamento personali, che sono condizionati dall'esperienza della prima infanzia. Quindi l'ambiente è un fattore importante, ma solo in quanto viene soggettivamente inteso e interpretato".

Diciamo che quella nonna è stata come un regista a cui spettava il compito di dare il primo colpo di manovella, al bambino invece toccava interpretare soggettivamente quegli stimoli, non è detto che un altro bambino avrebbe seguito la stessa strada, ma nel caso di cui parliamo il piacere di riuscire in qualche cosa, per un minore che non era mai appartenuto a nessuno e che ora sentiva di avere un parente attento a lui, aveva creato una complicità che passava anche attraverso il desiderio del piccolo di ricambiare quell'aiuto facendo le pulizie insieme alla nonna. L'acquisizione della manualità, precursore della sua abilità sul versante artistico, era un meraviglioso effetto collaterale.

Niente determinismo rigido

Abbiamo ricordato che, almeno nelle sue linee fondamentali, l'impianto dello stile di vita di una persona si forma nei primissimi anni, trovo dunque l'idea di collocare un posto di frontiera nel 1985, che separi nativi e migranti, utile alla comprensione della realtà.

Tuttavia, sarebbe meglio rifuggire gli assoluti, abituarsi a utilizzare quelle categorie scaturite dalla separazione accennata, alla stregua di finzioni, costrutti utili a ricordarci che a partire da quella data, l'ambiente in cui si sono formate le persone è cambiato in maniera sensibile, a seguito dell'introduzione sempre più massiccia e diffusa delle tecnologie digitali. Se poi, come affermano Prensky e le persone che la pensano all'incirca come lui, si è davvero verificata una *discontinuità antropologica*, staremo a vedere; di sicuro nell'ambiente, elemento costitutivo fondamentale dello stile di vita, la discontinuità vi è stata.

Malgrado ciò non mi sentirei di identificare con sicurezza, nei nativi digitali, una sorta di nuova specie umana, capace di elaborare le informazioni in una maniera strutturalmente diversa da quella a disposizione degli ultratrentenni, solo perché i nativi digitali sarebbero in grado di processare i dati a disposizione rapidamente e contemporaneamente, in maniera parallela, laddove i precursori potrebbero contare solo su un'elaborazione delle informazioni più lenta e seriale, un dato per volta, uno dopo l'altro. Bisogna attendere, ci sarà ancora molto da osservare prima di trarre qualche orientamento certo.

L'evoluzione procede con ritmi più tranquilli, inoltre il grado di interazione che questi ragazzi sperimentano con le tecnologie dipende direttamente dalle possibilità che l'ambiente offre loro. È complicato immaginare che persone cresciute nelle condizioni ambientali disparate possano essere fatte ricadere all'interno di una categoria che pretenda di accomunarle rispetto a una questione tanto delicata e specifica. Senza andare troppo lontano o immaginando chissà strane tribù prive da sempre di connessioni internet, è sufficiente pensare a quanto possa essere stato diverso il contesto sperimentato da un ragazzo nato e cresciuto in un paesino di campagna rispetto a quello vissuto da un suo coetaneo in una grande città.
Se accettiamo l'idea che l'ambiente giochi un ruolo fondamentale nello sviluppo della personalità, non possiamo sorvolare sul fatto che la diffusione tecnologica e il rapporto delle persone con essa non siano né siano mai state caratterizzate da uno sviluppo armonico, omogeneo e continuo, ma che anzi si siano spesso mosse a strappi, in una maniera diversificata territorio per territorio, regione per regione, città per città. Dunque sarebbe prudente un approccio più mediato riguardo alle categorie immaginate da Prensky, perché se è vero che non ci troviamo di fronte a un nuovo tipo di essere umano è altrettanto vero che i salti generazionali danno l'impressione di aver subito una straordinaria accelerazione nell'ultimo trentennio, tanto che la differenza tra una persona nata negli anni Ottanta e un ragazzo nato solo dieci anni dopo, è molto più grande di quella che corre un adulto di oggi e suo padre. La sensazione è che le generazioni si stiano facendo sempre più corte e in questo senso la tecnologia gioca un ruolo fondamentale e continuerà a giocarlo in futuro.

Forse è meglio tornare a parlare di persone, che troppo spesso schiacciamo sotto il peso di etichette che rischiano di somigliare sempre più a marchi indelebili. Le tecnologie cambiano, ma i bisogni dell'uomo e le esigenze educative attraversano il tempo e lo spazio per riproporsi, generazione dopo generazione, in maniera molto simile a loro stesse.

Quel che cambia è l'ambiente di applicazione, che non è tutto ma non è poco, infatti per capire come tradurre il compito educativo in forme che abbiano un significato adatto all'oggi, occorre fare il possibile per aumentare proprio la nostra comprensione dell'ambiente. Si tratta di un'impresa che possiamo affrontare consapevoli di avere un vantaggio strategico, ovvero la possibilità di guardarlo con gli occhi di chi non lo dà per scontato, anzi con lo sguardo di chi l'ha visto sedimentare anno dopo anno.

Se useremo questo vantaggio come chiave per una migliore comprensione e non come una clava per giudicare l'oggi con le categorie di ieri, faremo certamente un servizio migliore a noi e a loro.

Aggiungiamo noi, che solo tenendo a mente queste ultime parole, potremo restare "connessi" ai nostri figli e, più in generale, alle giovani generazioni.

18

Il palcoscenico infinito

In quella che forse è l'opera più suggestiva di Luigi Pirandello, *Sei personaggi in cerca d'autore*, una delle protagoniste, la figliastra, esprime un concetto di grande finezza e complessità, che potrebbe tranquillamente essere descrittivo dell'universo digitale, almeno di buona parte di esso: "Un palcoscenico è un luogo dove si gioca a fare sul serio". Se sostituissimo alla parola "palcoscenico" la parola "digitale" i conti potrebbero tornare in modo sorprendente.

Dopo avere sequestrato un loro compagno di classe, alcuni ragazzi, stavolta residenti in Lombardia, si sono esercitati in pestaggi, umiliazioni e violenze sessuali nei suoi confronti, azioni documentate scrupolosamente coi loro smartphone.

Siamo nel 2017, appena ieri, dunque uno spaccato attuale, presente, prossimo a noi, temporalmente e fisicamente Né fantascienza e nemmeno morbose vicende lontane dalla quotidianità, ma eventi dietro l'angolo, prossimi alle nostre vite.

Gesti riprovevoli, replicati per mesi sulla povera vittima, usata disinvoltamente come "passatempo", anzi il "passatempo preferito".

Abbiamo già visto nelle pagine precedenti che non si tratta di eccezioni, aggiungiamo che quanto si vede affiorare è solo una piccola parte della violenza trafficata attraverso la tecnologia informatica, non tutta così sfacciata da sollecitare l'interessamento dei media o semplicemente non resa pubblica dagli interessati, per le ragioni più disparate.

Eppure, questo, la brutale effrazione fisica e morale, non è bastato, ed è stata proprio l'ingordigia dei carnefici a fare saltare il crinale che separa l'anonimato dal clamoroso, ma forse era proprio ciò che volevano. Le immagini, riprese con gli smartphone, per immortalare quelle che rappresentano prove di colpevolezza, non sono rimaste custodite nella memoria di quegli oggetti ma diffuse attraverso Internet e messe nella disponibilità di tutti coloro che ne vogliono approfittare, sperando che decidano di rilanciarle, facendo così un servizio, intenzionale o meno, alla perversa causa degli autori. Lasciare una traccia di sé, costi quel che costi, bisogno struggente di ogni essere umano, cui abbiamo fatto riferimento diverse volte in queste pagine, causa di tanti progressi della nostra specie ma anche di parecchia distruzione. L'importante è che si parli di noi.

Alla fine, c'è stata una denuncia, l'arresto nei confronti dei ragazzi è scattato in fretta, e i colpevoli del gesto sono stati reclusi presso il carcere Beccaria di Milano, salvo che per un tredicenne, non punibile a causa dell'età. Tutti i reclusi hanno ammesso le circostanze, non le responsabilità, attribuite da tre di loro a colui che è stato dai medesimi indicato come il leader della triste compagine.

Inutile dire che la loro vita, forse più di quella della vittima, che perlomeno non dovrà rimproverarsi alcunché, è segnata, salvo svolte radicali, auspicabili ma non sempre possibili.

Un prezzo orrendo, molto più salato della prigione, in qualche modo richiesto da loro stessi proprio nel momento in cui si sono voluti smascherare pubblicando le immagini, ma forse il fine remoto della loro azione, la causa e non l'effetto, era proprio quello di filmare, fotografare e poi postare, aspettando le reazioni di stupore e forse anche gli applausi, perché l'impressione, quando accadono queste cose, è che la capacità dei violenti di sentire quello che sta accadendo nel mondo interiore del loro prossimo, sia pressoché assente. L'accusa parla di violenza sessuale ai danni di un compagno 15enne, riduzione in schiavitù, pornografia minorile, stato di incapacità procurato mediante violenza e violenza privata. Un rosario che lascia senza parole, se pensiamo che si tratta di individui poco più che bambini.

Disumanizzare per colpire

Viene da chiedersi quali sono le tappe attraverso le quali essi sono arrivati a negare la propria umanità e quella dei propri simili, del loro sfortunato compagno.

Anche in questo caso l'istituto comprensivo frequentato dai ragazzi, mi aveva chiesto un intervento indirizzato alla cittadinanza. Come accade quasi sempre, "a consuntivo", quando un episodio difficile da digerire si è già abbattuto su una comunità, innescando quelle paure, non sempre razionali, che fanno venire voglia di riunirsi, di tenersi compagnia per sconfiggere il rischio di restare soli e di smarrirsi, di fronte a un “nemico” che finiamo per sopravvalutare ma che in realtà porta connotati che a noi educatori dovrebbero essere familiari.

Tra il pubblico c’erano soprattutto genitori, giustamente sgomenti. Mi ero intrattenuto con qualcuno dei presenti prima di iniziare il mio intervento. Il particolare che sembrava colpire di più la fantasia dei cittadini presenti, come in un ritornello, era stata la scelta dei responsabili di postare sui social le immagini delle crudeltà compiute.

Francamente non mi sembrava l’aspetto rilevante, tendevo e tendo a credere che su ogni altra istanza fossero prevalenti la ferocia e il sadismo con cui è stato eseguito il “lavoro” e, soprattutto, la totale mancanza di identificazione con la vittima, come accade in tutte le vicende di desolazione, come quella sulla quale ci stiamo soffermando.

Eppure, l’allarme sociale con la relativa richiesta di un incontro pubblico è scattato proprio a causa di quella singolarità, il trasferimento di quegli atti sui media digitali. Probabilmente, se non fossero stati coinvolti gli strumenti tecnologici, quegli episodi sarebbero passati sotto silenzio o sarebbero stati collocati in un circuito minore, quello delle bravate.

Mi sposto indietro di trent’anni. Un’adolescente viene abbordata da quattro ragazzi all’uscita da una discoteca, violentata per ore e rilasciata nella mattinata, in condizioni fisiche e morali immaginabili. Quando rientra a casa, la madre le apre la porta e, quasi distrattamente, le chiede se aveva litigato ancora con la solita amica. Lei non risponde nemmeno, forse non ne vale neppure la pena, si chiude in camera sua e cerca di addormentarsi, sperando che al risveglio tutto si riveli solo un brutto sogno o davvero il riflesso di un battibecco con l’amica.

La vita di quella ragazzina sarà rovinata per sempre, incorrerà in vicissitudini molto pesanti, comprese la prostituzione e la tossicodipendenza, preceduta da attività di spaccio e seguita da un paio di gravidanze collegate a due relazioni con individui poco raccomandabili.

La incontro a quindici anni da quegli eventi, poi, finita la terapia, ci salutiamo per ritrovarci dopo altri quindici anni. Ora molte delle sue ferite sono passate ai figli, cresciuti senza padri, comunque latitanti e non in grado di badare ad altri.

È una delle donne più intelligenti e profonde che abbia mai conosciuto. Le è stato riservato un trattamento simile a quello subito dal ragazzo seviziato dai suoi compagni di scuola, il lato positivo è che si tratta di una persona non comune, dotata di una forza d’animo che potrebbe alimentare un esercito di individui in difficoltà.

I due episodi non sono troppo diversi, salvo che per la pubblicità attraverso i social network, promossa dagli stessi carnefici nel primo caso. Solo quello cambia, ma non è poco, come vedremo. Non saprei se anche gli stupratori della ragazza avrebbero fatto ricorso alla diffusione delle immagini, qualora la tecnologia l'avesse consentito anche allora, ma a giudicare dalla cura con cui cercarono di mantenere l'anonimato, propenderei per una risposta negativa. Allora la circolazione delle immagini non poteva contare negli strepitosi supporti su cui fa affidamento oggi, il pudore, anche in certi violenti, rimaneva un discreto baluardo all'esibizionismo e alle intemperanze.

Esibire per esistere

"Vedere" muta la percezione collettiva della gravità di un evento, qualcosa di simile si era verificato quando dalle voci dell'esistenza dei campi di concentramento nazisti si passò alla scoperta degli stessi, e tuttavia anche negli anni successivi all'ingresso delle truppe sovietiche in quei campi, il tema della Shoah non venne tenuto in grande considerazione.

Più tardi fu la circolazione delle prime immagini, ossia la possibilità di vedere con i nostri occhi, a rivelarsi decisiva, quasi più degli stessi eventi, a mettere al centro del dibattitto mondiale quella spaventosa carneficina, questo sebbene nella prima grande opera cinematografica, il lunghissimo e monumentale documentario di Claude Lanzmann, "Shoah", lo shock non arrivi dal clamore delle immagini, che in realtà non concedono quasi nulla alla morbosità, bensì dalle interviste ai superstiti, dai primi piani dei loro volti, dalle zoomate sui loro occhi. Tanto bastò a lasciare senza fiato chi ebbe la pazienza di guardare quell'opera.

Furono le immagini a cambiare il sentimento comune verso quella che forse è la più grave contraddizione in assoluto della nostra specie. Tuttavia, quando l'autore cercò di ricostruire le tappe che portarono all'annientamento di sei milioni di ebrei, non sempre gli fu facile reperire i superstiti e, soprattutto, farli parlare. Molti di loro si vergognavano, avrebbero taciuto volentieri delle umiliazioni subite, del processo di disumanizzazione a cui furono esposti. Nemmeno i tedeschi, cioè i carnefici di allora, avevano interesse alcuno a che si conoscesse la terribile verità, ragione per cui cercarono affannosamente di occultare ogni prova, portandosi in fuga tutto ciò che poterono, ma lasciando dietro di sé, ovviamente, tracce impossibili da rimuovere.

Per i ragazzi che oggi si macchiano dei crimini appena descritti, invece, vale il principio contrario, ossia *il male non serve a niente se non viene esibito*, per l'esattezza se non viene esibito attraverso il supporto della Rete digitale, che potenzialmente può mondializzare qualsiasi evento, anche il più riprovevole, anzi se è tale ottiene corsie preferenziali e corre più veloce.

Un mistero, in apparenza. Eppure, dietro a tale apparente incongruenza c'è qualcosa di molto sottile che conviene indagare, perché in questi anfratti è nascosto qualcosa che spiega parte dei paradossi che ci troviamo di fronte.

Per cercare un bandolo dobbiamo domandarci quanto è disposto a spendere ciascuno di noi per guadagnare la necessaria quantità di attenzione di cui pensa di avere bisogno per tirare avanti. A questa domanda occorre aggiungere una precisazione. In genere ciò che siamo disposti a fare per avere quell'attenzione, dipende da quanto soggettivamente riteniamo ce ne manchi per entrare nei radar del nostro prossimo, per rompere il muro dell'indifferenza. Più ce ne sentiamo, sempre a nostro giudizio, carenti più siamo disposti a pagare per averla, mettendo nel conto anche la possibilità di fare ricorso a trasgressioni più o meno cospicue.

Per questo motivo, la pressione che eserciteremo sul mondo sarà inversamente proporzionale al nostro grado di popolarità, quindi massima in prossimità del minimo e viceversa, e non importa quanto le nostre azioni saranno rispettose degli interessi collettivi, perché sentirsi ignorati provoca sensazioni talmente dolorose che l'unico pensiero diventa quello di uscire dall'impasse.

Ciò che importa, in queste circostanze, è incrementare il nostro valore sociale, obiettivo a cui tutto è sacrificabile. Questa è la ragione per la quale si manifestano comportamenti antisociali che troviamo riprovevoli, ma che in realtà sono tentativi sbagliati di raggiungere una meta elevata.

Dunque, umiliando un nostro compagno di classe riscriviamo illusoriamente le graduatorie del nostro gruppo sociale, giacché se facciamo "perdere" qualcuno possiamo illuderci di esserci elevati perlomeno al di sopra della vittima. Uno dei mille autoinganni che ci infliggiamo, perché abbassare qualcuno non fa diventare migliori noi, la graduatoria non viene riscritta, semplicemente sembriamo più alti perché l'altro è stato abbassato.

Anche dietro la follia del nazismo, con le dovute proporzioni, vi fu un demone della stessa specie, che alimentò la perversione di individui afflitti da sentimenti di inadeguatezza in conflitto coi loro sogni di gloria. Si pensi al ministro della propaganda Joseph Goebbels, che aveva una gamba più corta dell'altra e zoppicava vistosamente. Quando il limite cerca compensi ipertrofici, una delle strade per vincere la propria sfida è proprio quella di abbassare, fino ad annientarlo, il prossimo.

Ma questo non può bastare, manca ancora qualcosa per decretare la vittoria, mancano gli spettatori. Il trionfo illusorio si moltiplicherà solo se aumenteranno i testimoni, da qui la necessità di diffondere le immagini, anche di malefatte, a tutti gli indirizzi conosciuti, nella speranza che i titolari di questi ultimi rilancino il messaggio, facendolo diventare universale. In queste circostanze non importa più l'azione che si compie ma il suo potenziale promozionale, soprattutto quando la sensibilità della comunità è stata sapientemente preparata, così da fare diventare un eroe colui che uccide l'investitore della moglie oppure che spara ad una persona di colore. Non è la direzione giusta.

Quando ci sentiamo tagliati fuori dai circuiti della stima e del riconoscimento sociale, come accade ad esempio ai ragazzi che etichettiamo come bulli, l'unico obiettivo che riteniamo valido è quello di uscire dalla frustrazione indotta dall'anonimato nella quale ci siamo venuti a trovare, non importa se faremo male a qualcuno, giacché quel "qualcuno" per noi è solo un mero strumento, un mezzo per raggiungere l'agognato fine della nostra elevazione.

È questa la polpetta avvelenata servitaci dai social network, avere issato l'ego fino alle soglie della divinità, rendendo lecito ogni sacrificio per soddisfare la sua sete di riconoscimento.

Un bisogno sacrosanto, contare qualcosa per qualcuno, in condizioni normali generatore di energia evolutiva, finito oggi in mano a individui assetati a loro volta di gloria, bisogno che cercano di soddisfare assaporando il senso di potenza che proviene dall'asservimento delle masse.

Tutti in cerca di riconoscimento, carnefici e vittime, una platea sconfinata in attesa. Gli uni di legislatori, gli altri di educatori.

19

Cimiteri virtuali e nostalgia della realtà

Il blog "Correrepensando.net" è nato da un'idea comune, quando avevamo partecipato insieme, Luciano da relatore e io da ascoltatore, al convegno sulla memoria digitale, di cui avete letto alle pagine precedenti, registrando entrambi qualche eccesso di entusiasmo, quasi ideologico, che si respirava tra i relatori stessi. Oggi unico responsabile del blog è Luciano, che verso la materia manifesta un interesse più sistematico, con lui mi confronto spesso sull'influenza del digitale sulle nostre vite, sulle mutazioni che genera dentro di noi e, di conseguenza, nel nostro rapporto con la realtà.

Il post che segue, pubblicato sul blog il 22 aprile del 2018, a firma del curatore, apre un fronte molto delicato, facendoci toccare con mano una delle, tante, piccole rivoluzioni che stanno investendo il nostro legame con la vita e, persino, con la morte. Partiamo da qui per avviare un ragionamento che ci porterà lontano.

> In generale non sono un amante dei festeggiamenti, compresi quelli per la laurea, sebbene comprenda chi la pensa diversamente, in fondo la laurea è il culmine di un percorso che può essere anche molto faticoso.
> Fortuna vuole che io sia circondato da persone più sagge di me e che per festeggiare la mia laurea, in un tiepido pomeriggio di qualche anno fa, queste persone siano riuscite a portarmi in un piccolo bar vicino all'università e al luogo in cui lavoro. Una delle ragazze che serviva ai tavoli doveva tenere particolarmente alla mia laurea, perché, mentre aprivo il famoso spumante, aveva pensato bene di compensare l'impossibilità di sparare i fuochi d'artificio all'interno di un luogo chiuso facendo suonare l'allarme del locale.
> Un simpatico imprevisto, trasformatosi in un ricordo carico di malinconia. Oggi quella ragazza non c'è più, se n'è andata a trent'anni, al suo

posto c'è il vuoto che vedo negli occhi della madre e di chi viveva e lavorava accanto a lei.

Recentemente, come conseguenza di un percorso casuale, mi sono ritrovato sul profilo Facebook di quella ragazza, di cui ora conosco anche nome e cognome.

Sono rimasto prima stranito poi commosso dalla quantità di persone che scrivono sulla sua bacheca per ricordarla, condividere foto di fiori, raccontare momenti di vita felici o meno, come sei lei potesse in qualche modo se non rispondere almeno raccogliere quelle parole. Qualcuno "le mostra" le foto di suo figlio, come a dirle "tranquilla, ce ne stiamo prendendo cura noi", qualcuno la ringrazia per averle mandato una bella giornata. Non è niente di diverso da quello che facciamo quando andiamo al cimitero, eppure nella similarità del gesto le differenze sono enormi, prima di tutto il fatto che al cimitero nessuno ci va più e non posso fare a meno di domandarmi quanto questa straordinaria manifestazione di vicinanza (verso di lei) e di comunanza (tra gli scriventi) sia resa possibile dalla facilità del gesto. La tastiera è a portata di mano, fosse necessario "fare la fatica" di recarsi al cimitero per portarle quelle immagini e quelle parole, forse la maggioranza rinuncerebbe.

Si dice che la morte oggi sia diventata un tabù, un argomento evitato con determinata ostinazione o esorcizzato con gesti che chiamiamo scongiuri. È vero, di morte si parla pochissimo (dei morti, invece, si parla molto, spesso per esigenze di spettacolo), ne parliamo pochissimo tra noi adulti, ne parliamo pochissimo ai bambini e quando lo facciamo usiamo strane circonlocuzioni, con effetti sullo sviluppo delle più disparate fobie che sarebbe interessante approfondire. I cimiteri sono luoghi evitati non solo fisicamente, ma anche nel pensiero e nella parola, i social network hanno portato un salto di scala nel processo di sostituzione della vita, a volte bella, a volte brutta, a volte entusiasmante, molto spesso noiosa e routinaria, nella sua caricatura, una frenetica vitalità indirizzata non si sa bene dove, certamente utile a distogliere il pensiero dalla nostra destinazione ultima.

Eppure, vicende come quella della ragazza scomparsa prematuramente, mi fanno pensare che gli argomenti, quando sono come in questo caso ineludibili, scavino comunque la loro strada sottotraccia, come acqua che cammina tra le rocce sotto terra, per uscire poi all'aperto in luoghi e con modi imprevedibili.

Domandarsi se ciò che sta accadendo su quella bacheca sia normale o meno, sano o meno, utile o meno, rischia allora di diventare un esercizio di stile, lontano dal nodo fondamentale, ovvero la necessità espressa da ognuna di quelle persone di ricordare, e di farlo insieme, una ragazza che nei suoi trent'anni è stata per persone diverse barista, amica, sorella, figlia, moglie, mamma.

Dal canto mio partecipo alla memoria ogni volta che passo davanti a quel bar, ogni volta ripenso a quel pomeriggio di festa, quell'allarme che ci aveva strappato un sorriso, e mi sento grato per quel regalo inatteso.

Il virtuale è in noi

Questa la premessa. Ora vediamo di sviluppare alcune conseguenze logiche.

Il concetto di virtualità definisce "una specie di mondo in tensione verso l'esistenza". Una meraviglia di sintesi che arriva dalla penna di Piero Pasolini, un fisico-divulgatore ora scomparso, e risale a una trentina di anni fa.

Ma per non fermarsi all'aspetto estetico, dobbiamo percorrere le tappe attraverso le quali si arriva a tale definizione, e soprattutto superare l'illusione che la virtualità, nella quale inglobiamo convenzionalmente l'universo digitale, sia separabile dalla realtà.

I fisici sanno, ma lo possiamo capire anche noi comuni mortali, che l'azione più piccola o il tempuscolo più microscopico cui possiamo pensare nell'infinitamente piccolo, è nota come *costante di Planck*. Una sorta di cancello oltre il quale non ci è consentito spingerci. Tutto ciò che accade sotto tale soglia non è alla nostra portata ma ciò non significa che non esiste, significa solo che non possiamo raggiungerlo, se non attraverso modelli matematici.

Ciò che accade nella dimensione virtuale rende possibile l'esistenza dell'universo, dunque anche la nostra. Ad esempio, è responsabile della cosiddetta *forza nucleare forte*, un mastice potentissimo che tiene legata tutta la materia, che prende corpo grazie all'azione di una particella, chiamata *mesone*, che si sposta a velocità vertiginose da un protone all'altro ma muovendosi sotto la soglia del nostro tempuscolo limite, rendendosi così inafferrabile per noi e per i nostri strumenti ma non per questo è priva di esistenza.

Dunque, il mondo esiste grazie alla virtualità, che si ferma a un passo dalla realtà e tuttavia la determina, ma il potere di coinvolgimento esercitato da queste due dimensioni, virtuale e reale, non può essere collocato sullo stesso piano, pure avendo punti di contatto insospettabili. Sicuramente non si può assimilare quando parliamo dei nostri figli e degli esseri umani in genere, perché virtuale e reale, potremmo dire digitale e tridimensionale, scalpellano in maniera completamente diversa la personalità, soprattutto quando un bambino e un ragazzo vengono lasciati soli, privi di supporto educativo, non tanto mentre si cimentano con gli oggetti tecnologici, ma in generale nella vita quotidiana, perché è proprio qui che si decideranno tempi e modi di interazione con macchine e contenuti.

Per rimanere sull'episodio appena raccontato dall'autore del blog "Correrepensando.net", il cimitero nato nella bacheca di quella povera ragazza non è lo stesso dove è sepolto Lorenzo, un bambino morto a poco meno di 3 anni, a causa di un cancro. Frequentava l'asilo nido dove lavorava mia figlia, e avevo imparato a conoscerlo dai suoi racconti, molto preoccupati, a causa della rapida evoluzione negativa della malattia.

Ricordo il giorno della morte, quello del funerale, i giovani genitori sorretti da una dignità difficilmente replicabile, la fatica di comprendere quell'accadimento, per me che sono padre di tre figli. Poi, di quando in quando, avevo iniziato a visitare la tomba di quel bambino, presso il cimitero di una località alle porte di Milano, che dista una ventina di chilometri da casa mia.

"Stare", concretamente, davanti a quella sepoltura, ogni volta rimodellava il mio mondo interiore, mi inondava di domande alle quali non sono mai riuscito a dare risposte, tenendole per questo in qualche modo vive e capaci di costringermi a non chiudere mai i filoni che si erano aperti. Vedevo, accanto alla sua tomba, quelle di altri bambini, persi troppo presto, molti dei quali figli di genitori stranieri, arrivati nel nostro paese per farne il loro e dare qualche speranza in più alla propria famiglia. Non di rado, costoro si sono sentiti umiliati da sentimenti di inospitalità, conseguenza di derive culturali individualistiche, generatrici di egoismi gretti che potrebbero distruggere in poco tempo ciò che i nostri padri sono riusciti a costruire con fatica. Anche queste derive, figlie dell'assenza di cultura educativa, un'assenza che, oltre a contagiare i nostri figli, abbassa drasticamente la qualità dell'umano che sopravvive in noi.

Mi sentivo grato a quelle piccole creature, che mobilitavano sentimenti di ogni genere, facendomi percepire lo spessore della tragedia implicita nelle loro perdite, a cominciare dal dolore che avrà devastato i genitori.

Andare a trovare Lorenzo, nel cimitero reale, mi avvicina ai miei simili, mi costringe a interpellare la mia umanità, a pormi domande sul "senso" del nostro passaggio e, soprattutto, sulla caducità dell'esserci; un pensiero, quello relativo al limite temporale del nostro percorso, che ci porta a rimuovere l'esistenza stessa dei cimiteri, mestatori di scomode verità.

Visitare un cimitero e postare dei pensieri sulla bacheca di un defunto sono due cose molto diverse, perché l'interazione con il defunto e con tutti i soggetti convolti si appoggia su "materiali" assai lontani tra di loro, che interpellano aree molto diverse della nostra sensibilità.

Recarsi ad Auschwitz non è come confrontarsi sull'Olocausto attraverso un social network, si tratta di esperienze talmente diverse che non possono essere collocate sullo stesso continuum. Quando si finisce di visitare ciò che rimane di una camera a gas o di un forno crematorio, non si sente più il bisogno di parlare, si desidera solo lasciare sedimentare tutto ciò che aveva fatto irruzione nelle nostre presunte certezze.

Esattamente il contrario di ciò che accade quando il viaggio è virtuale e sono le parole a prendere il sopravvento sulla riflessione, dirottandola verso esiti incerti. L'esperienza reale tende ad attenuare la produzione di parole moltiplicando però il flusso dei pensieri. Quella virtuale genera effetti opposti, attenua i pensieri e rende inarrestabile il fiume delle parole che, proprio perché svincolate da una riflessione profonda, si condannano all'insignificanza, a scomparire nella tempesta dei vocaboli in libertà. È quello che accade a certe persone molto ansiose, che parlano senza mai fermarsi, solo per gettare fuori da sé tutto il male di esistere, ma che raramente dicono qualcosa di sensato.

L'architetto senza parole

Una decina di anni fa ero ospite di "Un treno per Auschwitz", organizzato dalla Fondazione Fossoli. La mattina successiva all'arrivo a Cracovia, la nostra base logistica, eravamo partiti in pullman verso i campi di sterminio, nell'Alta Slesia, dai quali saremmo tornati la sera, per cena.

Se durante il tragitto di andata il clima era stato all'incirca quello di una gita culturale, sia pure seria, con la sinfonia determinata dall'intreccio di conversazioni tra vicini di posto, al ritorno il silenzio aveva preso il sopravvento, divenendo l'unico suono che si avvertiva in cabina.

Il contatto diretto con quella realtà, evocatrice di circostanze sproporzionate in confronto alla nostra quotidianità, aveva soffocato il naturale bisogno di parlare che si avverte in talune circostanze, giacché in quello che avevamo visto vi era una quantità impressionante di comunicazioni, quasi tutte sotto il dominio dell'indicibile. Potevamo sentirle ma non descriverle, poiché il nostro vocabolario era insufficiente, eppure questo, lungi dal costituire un limite, rendeva invece sconfinato il nostro apprendimento, contagiando la nostra intera sensibilità. Quell'immersione diretta ci aveva messo in una condizione paradossale, sapevamo ma non potevamo dire, ed era proprio tale sforzo, inconsapevole ma incessante, di dare una spiegazione a ciò che non voleva essere spiegato, a mettere in moto ogni recesso dei nostri mondi interiori, innescando sentimenti ed emozioni che ci "avvicinavano", sia pure di poco, alle vittime dell'eccidio.

Era successo l'esatto contrario di quanto sarebbe accaduto se avessimo aperto un dibattito sull'Olocausto attraverso una piattaforma digitale, senza muoverci dalla nostra postazione domestica. Il "sentito dire" avrebbe allagato le risaie, non sarebbero mancati i dissacratori e i negazionisti, i teorici puri, i dubbiosi e gli storici improvvisati, i frustrati e i nichilisti. I partecipanti avrebbero cercato di sostituire con le parole, spesso parole in libertà, la mancanza di esperienza diretta, ma non vi sarebbe stata alcuna forma di apprendimento emotivo, giacché proprio le parole avrebbero costituito un confine, angusto e insuperabile, alla nostra conoscenza.

L'*ambiente*, nelle due circostanze, visita diretta nei luoghi dell'Olocausto e dibattito virtuale sullo stesso tema attraverso un social network, sarebbe stato così diverso da rendere improponibile ogni confronto, dunque tali sarebbero state anche le risonanze interiori.

La virtualità somiglia a una nave da crociera condannata a rimanere in rada, ma le volte in cui la capitaneria deciderà di inviarle una pilotina che l'aiuti finalmente attraccare, potrebbero essere i suoi passeggeri a contagiare delle proprie "verità" gli abitanti della realtà e non viceversa. La possibilità che questo si verifichi è proporzionale alla permeabilità degli esseri umani coinvolti, se si tratta di ragazzi tale possibilità è più alta, se si tratta di ragazzi soli diventa l'unica.

Tempo fa mi fu offerto di svolgere una perizia su un'infanticida. Avevo imparato la storia a memoria, sapevo ogni cosa, forse persino ciò che avrei dovuto cercare, ero pieno di carte e di circostanze, eppure dentro di me non succedeva nulla. Così chiesi al magistrato di lasciarmi visionare le foto del piccolo cadavere, scattate appena ripescato dal corso d'acqua dove la madre lo aveva gettato. Solo allora, davanti a quelle immagini, compresi, esattamente, di cosa mi sarei occupato, e ancora di più mi avvicinai all'essenza del mio compito quando incontrai la madre infanticida e quando passai accanto al corso d'acqua dove quella donna aveva gettato la sua creatura.

Tutto ciò che accende in noi una forte nostalgia per la realtà, è nostro amico. Tutto ciò che cerca di sostituirsi ad essa e ci rinchiude in un palazzo senza finestre, sta solo derubandoci.

Triste doverlo ammettere, ma l'assenza di cimiteri reali nella vita dei nostri figli, che li disertano oramai sistematicamente, per timore di urtare le barriere della finitezza, li spingerà sempre più verso quelli virtuali, un modo "omeopatico" per abituarsi a un pensiero intollerabile. Ma non saranno solo i cimiteri a smaterializzarsi, la nostra assenza ci sta rendendo complici della scomparsa di tanti altri luoghi, senza i quali però, non illudiamoci, la nostra importanza nei processi educativi diventerà sempre più modesta.

20

Curiosi giochi a premi. Dove perdiamo tutti

Da qualche tempo il *sistema della ricompensa*, cui partecipano particolari strutture neuronali del nostro cervello, è diventato una stella di prima grandezza, essendo responsabile del modo in cui apprendiamo e di come si costruiscono talune dipendenze, comprese quelle legate al digitale. Aspetto, quest'ultimo, che contribuisce a renderlo temibile e affascinante nel contempo, anzi è presumibile sia stato proprio lo sviluppo dell'universo digitale a favorire il ritorno di interesse per il Sistema della ricompensa da parte degli specialisti, intenti a spiegare ciò che accade nella testa dei nostri figli quando sono ingaggiati in una sessione di videogame oppure se stanno partecipando a un corpo a corpo sui social network.

Non è certo una buona notizia, considerato che in genere il Sistema della ricompensa viene chiamato in causa in associazione a fenomeni negativi, come le dipendenze da sostanze stupefacenti o da gioco d'azzardo.

Tuttavia, di dopamina, frutto pregiato e motore del Sistema della ricompensa, siamo ghiotti anche noi adulti, che pure siamo portati a pensare che i figli siano i veri responsabili delle piaghe che ci affliggono. Davanti a me c'è una madre, accompagnata da un figlio quindicenne. Entrambi affranti. Il marito, nonché padre, chiede una pausa, vuole andare a vivere da solo. Sembra ci sia di mezzo una collega di lavoro, come risulta da alcuni post dell'uomo, intercettati su Facebook prima dal figlio e poi dalla moglie.

Il ragazzo, proprio per quanto letto sulla piattaforma, è molto severo con il genitore, ma tutto sommato mantiene un contegno encomiabile, pure essendo visibilmente provato. La signora, invece, è più grintosa e aggressiva, in fondo è lei ad essere sulla graticola, se le cose si metteranno male, i pesi sulle sue spalle si moltiplicheranno, senza contare la gestione delle ferite sentimentali, per lei che si dichiara ancora innamorata del coniuge.

Mentre si discute del presente e delle prospettive, accade qualcosa. La donna racconta di essersi presa una questione pubblica su Facebook con la presunta rivale, coinvolgendo nella disputa una serie di amici, ne è nato un confronto poco elegante all'interno del quale i toni si sono alzati drasticamente. La donna si rende conto di avere esagerato, percepisce di avere fatto un passo falso anche come madre. La reazione del ragazzo non si fa attendere. Le fa sapere di ritenere inutile quell'ammissione, avendo seguito personalmente le varie fasi del confronto sul social network, si dichiara deluso e le chiede di smetterla di fare l'adolescente.

La madre incassa, si scusa, chiede comprensione, in fondo si sente traumatizzata per quanto le sta accadendo. Il figlio cambia tono, diventa meno intransigente ma non fa sconti, le domanda cosa sarebbe accaduto se fosse stato lui a "sputtanarsi" su Facebook, come minimo "mi sarei preso del cretino e mi sarebbe stato chiesto, anzi imposto, di chiudere il profilo", per poi aggiungere che quando gli adulti si comportano come i ragazzini diventano patetici.

Precedere per procedere

Questo episodio ci ricorda che non possiamo portare i figli dove noi fatichiamo ad arrivare e che soprattutto il lato "testimoniale" del nostro ruolo educativo, può ammaccare in modo permanente la nostra autorevolezza. Una regola che nel digitale vale più che in altri ambiti perché qui è quasi impossibile farla franca, non si può mentire, ci si controlla reciprocamente in ogni istante, un figlio conosce con certezza qual è lo stato dei rapporti dei genitori con le piattaforme digitali, quanto tempo vi passano, quali sono i loro contatti e, spesso, i contenuti stessi che producono. Accade frequentemente che i ragazzi mi mostrino post firmati dai genitori, contengono scivoloni capaci di minare la stima dei figli nei loro confronti, madri e padri che spesso non si rendono nemmeno conto degli effetti generati nella prole da intemperanze e grafomanie fuori luogo. "Ciò che mi umilia nel comportamento di mio padre è la sua costante presenza sui social network, sono i post, talvolta puerili e giovanilistici, che scrive su Facebook. Vederlo mentre si comporta peggio di me è disperante, perché capisco di non potere più imparare nulla da lui e provo un grande senso di vuoto, di solitudine".

Anche i genitori sono voraci di gratificazioni, assetati di dopamina, il premio che ci concede il Sistema della ricompensa quando siamo impegnati, ad esempio, in un'interazione attraverso i social. Il nostro cervello cerca solo di fare ciò per cui è programmato, spingendoci a compiere azioni funzionali ai nostri interessi e a quelli della specie, premiandoci con belle dosi di dopamina quando obbediamo. Ci tratta come noi trattiamo i cagnolini, quando vogliamo rinforzare un comportamento buono, allungando loro dei croccantini, se però il cagnolino diventa furbo e scopre delle scorciatoie per farsi sommergere di snack, come minimo diventerà bulimico.

Quando facciamo delle azioni utili al mantenimento della vita, come mangiare, bere, fare sesso e interagire con i nostri simili, considerato che il comportamento cooperativo è utile a noi e alla specie, il cervello ci premia facendoci avvertire sensazioni di piacere le quali, naturalmente, ci spingono a ripetere i gesti che le fanno scattare.

Senza questo circuito premiale, è probabile che la stessa sopravvivenza della nostra specie, sarebbe stata a rischio, ma la sua funzione è preziosissima, non possiamo usarla come una droga. La natura sa bene che siamo sensibili alle pacche sulle spalle, quindi provvede, poi, come spesso accade, fatta la legge trovato l'inganno, così gli esseri umani si sono industriati nella ricerca dei modi più disparati per fare scattare le retribuzioni, ossia il piacere, considerato che non si può mangiare e fare sesso all'infinito. Dunque, il cervello, per stimolarci a sopravvivere e a progredire, si è inventato dei premi che ci vengono concessi quando compiamo delle azioni utili allo scopo, ma noi abbiamo trovato il modo per trascinarlo in giochi pericolosi e lui si è adeguato.

Gli strumenti diagnostici attraverso i quali siamo in grado di "fotografare" i percorsi neuronali, che si attivano quando compiamo determinate azioni naturali e quando assumiamo delle droghe, ci consentono di verificare che le strade sono le stesse, così come medesime sono le conseguenze, sia per gli stimoli naturali (mangiare o bere), sia per quelli artificiali (giocare d'azzardo, perdersi dentro un videogame violento, accanirsi in un confronto sui social network). Nell'uno e nell'altro caso, i neuroni eccitati rispondono producendo *dopamina*, un trasmettitore chimico che ci fa avvertire piacere, e più dopamina produciamo più aumenta il piacere, dunque una volta capito cosa scatena la produzione di dopamina, basta schiacciare il pulsante, sebbene in quel momento nessuno si metterebbe a pensare alla dopamina, perché quello che conta è il piacere.

Quando il bambino scopre che schiacciando un interruttore si accende la lampadina oppure scendono le caramelle dal distributore, non smette più di farlo, si chiama piacere della funzione, quelle volte in cui, da ragazzi e da adulti, ci mettiamo a giocare con la dopamina cercando di mungerla in tutti i modi possibili, diventiamo dipendenti, perché la potenza di uno stimolo creato artificialmente, nonché la sua durata nel tempo, supera di gran lunga quella esercitata dagli stimoli naturali, quelli di cui si diceva all'inizio, con la conseguenza che la produzione di dopamina, quando bariamo al gioco per ingannare il Sistema della ricompensa, aumenta, innescando un circolo vizioso.

Ecco perché è problematico staccare un ragazzino da una console oppure distoglierlo da una conversazione sui social, che egli prosegue anche mentre siamo a tavola, tenendo lo smartphone nascosto ai commensali ma seguendolo con gli occhi, aspettando l'arrivo di una notifica o di un like, e sperando di passare inosservato, come se quelli seduti intorno a lui fossero tutti addormentati. In realtà è lui a esserlo, se non addormentato perlomeno ipnotizzato.

Non credo che parlando a nostro figlio di come si comporta la dopamina nel suo cervello, gli faremo cambiare opinione riguardo il suo rapporto con il digitale, perché siamo stati noi, con la complicità di tanti altri adulti, a condurlo per mano nella condizione attuale. Il processo è stato lento e aveva risucchiato noi per primi, attraverso la televisione, illudendoci che partecipare, anche passivamente, potesse cambiare l'esito degli eventi, in realtà partecipare significava solo fare in modo che la televisione avesse più inserzionisti, più pubblicità. Un inganno, dunque, quello che oggi stanno pagando sulla loro pelle i nostri figli, ma prove generali erano in atto da tempo.

Il pozzo dell'innocenza perduta

Diversi lettori rammenteranno la vicenda del piccolo Alfredino Rampi, risalente ad una trentina di anni fa. Il bambino era caduto a testa in giù in un pozzo artesiano, in aperta campagna, incastrandosi a qualche decina di metri di profondità. Cominciarono quasi subito i tentativi di sottrarre il piccolo a quella drammatica situazione, mentre una folla di curiosi sempre più numerosa aveva preso a seguire il procedere delle operazioni. La televisione, nelle fasi iniziali di quello che si sarebbe poi rivelato un incidente irreparabile, aggiornava gli spettatori attraverso i propri notiziari, con rispetto e con la giusta distanza. Poi, improvviso, un salto di scala, da cui non saremmo tornati mai più indietro.

A qualcuno venne in mente il colpo di genio e la tragedia privata di una comune famiglia laziale si trasformò in uno psicodramma collettivo, dove ognuno si sarebbe sentito parente intimo di un bambino che non conosceva neppure. Non furono i ragazzi a volere quella svolta, ma gli stessi adulti che ora si lagnano perché il gioco è sfuggito di mano.

L'idea, prontamente messa in atto, consisteva nel portare le telecamere della Rai sul posto e trasmettere in diretta, 24 ore su 24, i vari tentativi di salvataggio, con tanto di primi piani della madre disperata e di interviste ai personaggi che facevano parte di quella spettacolare operazione di soccorso.

Sul corpo di Alfredino si consumò una grande violazione dei sentimenti e della privacy, che sarebbe stata solo la prima della sequela che conduce oggi alla vendita dei dati personali a chi ne farà l'uso che ritiene migliore, quasi mai a favore di singoli e comunità.

Da quel pozzo Alfredino sarebbe uscito senza vita, tutto si sarebbe rivelato vano. Alla fine, tutta l'Italia, che era rimasta incollata ai teleschermi per giorni, levò le tende, esattamente come le troupe televisive, e quel bambino fu archiviato come una qualunque partita di calcio, quando si spengono i riflettori. Da quel giorno, tuttavia, niente sarebbe stato come prima. Se era sopravvissuta una briciola di innocenza nel rapporto tra noi e la televisione, la tecnologia di allora, andò smarrita per sempre, scardinando il portone che ora vorremmo chiudere, con la stessa mancanza di equilibrio che ci indusse a spalancarlo per uno spot pubblicitario in più.

Scoprimmo la capacità della televisione di concentrare per un tempo indefinito, l'attenzione di una nazione intera su un singolo particolare della vita collettiva. Proprio quell'attenzione che progressivamente sarebbe diventata merce pregiata, la più pregiata, fino a trasformarsi al tempo dei social in una pepita d'oro di inestimabile valore, finita in mano a rabdomanti spregiudicati. La televisione, poteva selezionare a piacere il frammento di realtà su cui indirizzare l'interesse dei cittadini, distraendoli da tutto il resto, come una mamma che cerca di tranquillizzare il suo bambino. Una giovane paziente mi raccontava così il suo primo giorno di scuola: "Ero spaventata e piangevo, non volevo stare in quel luogo che non conoscevo, non volevo lasciare la mano della mamma, poi qualcosa deve avermi distratta e mi sono dimenticata di piangere". Si era distratta, dimenticandosi di piangere, come accade a coloro, conosciuti qualche pagina fa, che non frequentano più cimiteri reali ma giocano volentieri con quelli virtuali, dove non esistono fiori, vialetti, lapidi, nomi e date che ci costringono a toccare con mano la nostra caducità, illudendosi di guadagnare l'immortalità che i ladri di attenzione promettono a noi e ai nostri figli.

In quei giorni, nei giorni di Alfredino, sperimentammo che la televisione poteva distrarci, prenderci per mano e condurci ovunque volesse e farci dimenticare il resto. La televisione poteva stabilire l'ordine di importanza delle cose, arbitrariamente però, prescindendo dal loro valore reale. Poteva decidere che la morte di un solo bambino valeva più di una guerra oppure di una catastrofe naturale, poteva spingerci a guardare da una parte piuttosto che dall'altra.

Il giorno 15 di marzo del 2002 l'intero TG1 delle ore 20.00 fu dedicato all'arresto della signora Anna Maria Franzoni. Lo rammento bene, una mia intervista su quell'argomento passò alle ore 20,29 e per tutti i precedenti 29 minuti si era parlato soltanto dell'infanticidio di Cogne. Il resto del mondo aveva cessato di esistere perché un direttore, ossia una singola persona, per una qualche ragione che a lui sicuramente era ben chiara, aveva deciso che il pianeta fosse diventato grande quanto la villetta di un paesino di montagna e che tutto ciò che accadeva al di fuori delle sue mura non avesse rilievo.

Distogliere lo sguardo delle persone è come accecarle. Certo, bisogna comunque fare delle scelte quando si confeziona un notiziario, il punto è comprendere cosa ispira tali scelte. Nessuno può decidere che per un giorno nel mondo non è accaduto nulla, salvo ciò che interessa a lui e a chi compila i bilanci delle testate.

Il saccheggio dell'attenzione cui siamo sottoposti noi e i ragazzi, invocando la complicità del Sistema della ricompensa, aveva fatto le prove generali proprio sugli schermi televisivi, attraverso i quali ci avrebbero venduto di tutto, compresi personaggi che si sarebbero inflitti per decenni alle nostre vite.

Conclusioni

La lunga, paziente, attesa dell'alba

Quando, alla fine del 2016, la sonda Schiaparelli si schiantò su Marte, si scatenarono molte ironie, anche figlie di piccole invidie. Pare vi fosse stato un conflitto tra due altimetri, che avevano idee diverse sulla quota a cui si trovava l'oggetto. Questo ingannò gli strumenti di bordo causando un disastro da diverse centinaia di milioni euro.

Un fallimento si disse, ma nei giorni successivi emerse che durante la caduta e fino allo schianto i sensori avevano comunque lavorato a pieno regime, immagazzinando enormi quantità di dati che, oltre a tenere impegnati per anni gli scienziati, si riveleranno preziosi in vista della preparazione di future missioni sul Pianeta Rosso.

Solo un parziale insuccesso, dunque, niente fallimento, come avevano decretato giudizi troppo frettolosi.

Abbagli di tale natura, con tanto di processi sommari e risposte drastiche, sono pane quotidiano nella nostra vita educativa, quando ci concentriamo su un segmento anche minuscolo del comportamento dei nostri figli, traendone giudizi che non aiutano il nostro rapporto con loro. Questo atteggiamento sbrigativo, che sovente ci prende la mano, portandoci a conclusioni sbagliate e non di rado definitive, si è notevolmente accentuato da quando i genitori sono chiamati a fare i conti con tutte le novità introdotte nella vita dei bambini e dei ragazzi dagli oggetti digitali e dai loro contenuti, creando *due solitudini altrettanto rischiose*. Da una parte proprio quella dei genitori, che sentono sfuggirsi di mano il controllo della situazione ed emettono risposte pregne di ansia, spesso fuori bersaglio, finendo per aumentare le distanze tra sé e i figli, proprio in una fase in cui queste sono per natura già piuttosto vistose e la prole avrebbe bisogno di guide presenti e attente.

Dall'altra quella dei ragazzi, alle prese con attrattori affascinanti e risoluti, che fanno parte stabilmente della loro vita da sempre e che dunque considerano "normali", spesso eccedendo in fiducia e ritirando dalla relazione con la tecnologia l'arma più potente nelle loro mani, lo spirito critico, lo stesso che i genitori sovente utilizzano ideologicamente e a sproposito.

Il pregiudizio accomuna le due sponde, ma essendo da un lato radicalmente negativo e dall'altro radicalmente positivo, finisce per diventare un ulteriore elemento di separazione.

Nel frattempo, l'industria dei videogame diventa sempre più florida, tra prodotti eccellenti e alimentatori di violenza, e i social network estendono il loro dominio sulla vita dei minori, approfittando di un potere di influenza enorme, almeno quanto i profitti dei loro gestori. Questo, perlomeno, dovrebbe significare che fino a quando quella forbice non si chiuderà, a vincere sarà sempre la tecnologia, purtroppo non solo quella buona.

I ragazzi, infatti, difficilmente scenderanno dalla loro barca, perché posseduti, non diversamente da noi, dal comprensibile bisogno di dare un senso alle proprie esistenze, di lasciare una traccia di sé, costi quel che costi. Tocca a noi adulti uscire, finalmente, da quel santuario delle lamentazioni evocato nella premessa, molte pagine indietro, e guardare in faccia la realtà, perché non ne abbiamo un'altra di riserva.

Non possiamo disertare, perché è un lusso che si ritorce contro di noi e soprattutto contro i nostri figli, favorendo proprio chi ci divide. Quindi deponiamo le armi cercando di fare ciò per cui li abbiamo messi al mondo, ossia amarli ed educarli, che poi è la faccia più responsabile dell'amore genitoriale. Nelle pagine precedenti c'è materia per trovarsi qualche risposta ragionata. Non ricette, figlie della nostra rapidità, adottata anche da una psicologia che dimentica di essere ancella di situazioni non replicabili, poiché gli ingredienti non saranno mai gli stessi, anche quando le scene sembrano identiche.

Tracce indelebili e lesive

Ogni giorno vengono prodotti e immagazzinati miliardi di post, di tweet, di email, materiale spesso proveniente da impeti emotivi, che difficilmente potrà essere eliminato e che diventerà la nostra vera identità, costruita quando non sapevamo nemmeno quanto potesse nuocerci. Un ingegnere informatico, molto esperto di affari digitali e padre di due figli che frequentano le elementari, mi scrive un commento amaro, forse pensando proprio ai suoi bambini e al peso, permanente, che avrà nelle loro vite ciò che scrivono e postano sui social network: "Mi è capitato di valutare curriculum interessanti poi scartati dai responsabili della selezione dopo un semplice, rapido, superficiale accesso su Facebook al profilo del candidato".

Un prezzo salatissimo, che pagheranno schiere di ragazzini ignari delle conseguenze delle loro azioni virtuali.

Se a qualcuno dei lettori capiterà di fare un giro alla biblioteca Braidense di Milano, voluta dall'imperatrice Maria Teresa D'Austria, quando il capoluogo lombardo le apparteneva, constaterà che esiste una stanza dedicata ai manoscritti, all'interno della quale è custodito il prezioso fondo manzoniano. Conviene soffermarsi sulle pagine del grande autore, vergate con le rudimentali penne del tempo, ci si stupirà nel vedere quanto preziose fossero le parole, pesate e levigate una ad una, fino a significare esattamente ciò che intendeva colui che le aveva depositate sulla pagina. Vi sono, nel manoscritto de *I promessi sposi*, cancellazioni, annotazioni, ripensamenti, in ogni millimetro della pagina, preziosa pure essa, dal momento che la carta allora aveva un valore elevato, di certo Alessandro Manzoni non l'avrebbe trovata a due euro e cinquanta alla risma, in offerta nei supermercati che frequentiamo.

Si avverte la presenza del "pensiero" che modella la parola. Si sente quasi il "fruscio" della "prudenza" di chi conosce l'effetto di ciò che scrive e se ne preoccupa. Si tocca con mano la "responsabilità" che tiene a freno l'intemperanza.

Un grumo di premesse che restituivano dopamina, stavolta di qualità, all'animo dello scrittore.

Il premio Nobel Daniel Kahneman separa i pensieri "veloci" da quelli "lenti", etichettandoli come "sistema 1" e "sistema 2".

Il sistema 1, quello dei pensieri veloci, "Opera in fretta e automaticamente, con poco o nessuno sforzo e nessun senso di controllo volontario".

Il sistema 2, quello dei pensieri lenti, "Indirizza l'attenzione verso le attività mentali impegnative che richiedono focalizzazione come i calcoli complessi." Le operazioni di questo secondo sistema "sono molto spesso associate all'esperienza soggettiva dell'azione, della scelta e della concentrazione".

Entrambi i sistemi sono indispensabili al nostro funzionamento e alla nostra sopravvivenza, si tratta solo di dosarli.

Forse il cervello di Alessandro Manzoni si appoggiava prevalentemente sui pensieri lenti. Quelli di un'infinità di genitori e ragazzi odierni, sembrano prediligere quelli veloci, ma non potrebbe che essere così, perché ognuno, nel suo tempo e nella propria condizione anagrafica possiede delle ragioni peculiari e dunque non è necessario impiantare dei paragoni, che potrebbero dare la stura a inutili nostalgie.

Tuttavia, è più che mai obbligatorio educare, ricordando ai pensatori veloci, abitatori ostinati dell'universo digitale, che la velocità non attenua le responsabilità, anche verso loro stessi, poiché potrebbero pagare conti salati, a causa della persistenza dei loro pensieri in libertà. Ma non li sottrae nemmeno da quella verso il prossimo, che raramente può cavarsela con una risata, come accadde al sottoscritto quando, tornato dal viaggio ad Auschwitz, di cui si è riferito nelle pagine precedenti, aveva ricevuto dagli organizzatori la rassegna stampa, imbattendosi in questo curioso commento: "Dopo circa venti ore siamo arrivati alla stazione di Cracovia. Nella serata del 26 gennaio, in un teatro cittadino, abbiamo ascoltato una conferenza di Domenico Barrilà, docente universitario, sopravvissuto allo sterminio, dal titolo: gli esseri umani tra cooperazione e sopraffazione".

Ero diventato, un "sopravvissuto allo sterminio", sfuggendo ai nazisti ma non al demone che alimenta i pensieri veloci, che talvolta non raggiungono nemmeno la soglia della dignità, perché si muovono a casaccio nello spazio e sull'asse temporale, nel mio caso facendomi esistere in un'epoca in cui non ero nemmeno nato e in un luogo che avrei visto per la prima volta nel 2008.

Possiamo riderci sopra. Si tratta di un privilegio che non tutti possono permettersi, in particolare quelle persone schiacciate dall'imprudenza e dagli istinti di chi non capisce la differenza tra una parola e una sentenza.

Molti di costoro sono i nostri figli, ma altrettanti sono genitori, che si sono giocati o rischiano di giocarsi, proprio per simili leggerezze nonché a causa dalla puerile dipendenza da una sostanza come la dopamina, il diritto di educare e di correggere. Una triste ricompensa.

Bibliografia

Argyle M. (1975), *Bodily Communication.* Trad. it. *Il corpo e il suo linguaggio*, Zanichelli, Bologna 1992.

AA.VV. , *Genitori online*, Reverdito, Trento 2017.

Barrilà D., *Quello che non vedo di mio figlio*, Feltrinelli, Milano 2016.

Dreykurs R. (1950), *Fundamentals of adlerian psychology*. Trad. it. *Lineamenti della psicologia di Adler*, La Nuova Italia, Firenze 1968.

Frances A., *Saving Normal.* Trad. it. *Primo, non curare chi è normale*, Bollati Boringhieri, Torino 2013.

Lanzmann C. (1985), *Shoah*, Trad. it. *Shoah*, Einaudi, Torino 2007.

Lem S. (1961), *Solaris.* Trad. it. *Solaris,* Mondadori, Milano 1982.

Mandelbrot B. (1975), *Les objets fractals.* Trad. it. *Gli oggetti frattali*, Einaudi, Torino 1987.

Nichols T. (2017), *The Death of Expertise*. Trad. it. *La conoscenza e i suoi nemici*, Luiss, Roma 2017.

Pascal B. (2003), *Pensieri*, Mondadori, Milano.

Pasolini P. (1985), *L'unità del cosmo*, Città Nuova, Roma.

Pirandello L., *Sei personaggi in cerca d'autore,* Feltrinelli, Milano 2014

Popper, K., Condry J. (1996), *Cattiva maestra televisione,* Reset, Milano.

Tomasello, M. (2008), *The Origins of Human Communication.* Trad. it. *Le origini della comunicazione umana,* Raffello Cortina Editore, Milano 2009.

Wilson E.O. (2012), *The Social Conquest Of Earth*. Trad. it. *La conquista sociale della Terra*, Cortina, Milano 2013.

Wilson E.O. (2013), *Letters to a Yung Scientist*. Trad. it. *Lettere a un giovane scienziato*, Cortina, Milano 2013.

Kahneman D. (2011), *Thinking, Fast and Slow*. Trad. It. *Pensieri Lenti e Veloci*, Mondadori, Milano 2012.

Sitografia

www.correrepensando.net

Made in United States
Troutdale, OR
11/03/2026

56844903R00090